JN021100
スパイス&ハーブの使いこなし事典
毎日の暮らしに役立つ
80種の基本と楽しみ方
最新版
スパイス&ハーブ検定
1級・2級・3級
公式
テキスト
予想問題つき
主婦の友社

目次

序章

スパイスとハーブの歴史と基礎知識

第一章

料理とスパイス&ハーブ

第三章

暮らしの中で楽しむ・役立てるスパイス&ハーブ

本書のレシピページの決まりごと

1カップは200mℓ（米1合は180mℓ）です。
計量スプーンの大さじ1は15mℓ、小さじ1は5mℓです。
レシピで使っているこしょう（黒・白・ピンク）は、
「粒」という指示がなければパウダータイプです。

序章

スパイス&ハーブの歴史と基礎知識

私たちの生活で身近な存在となったスパイス&ハーブ。
その歴史と基礎知識を知って
もっと暮らしに役立ててみませんか?

スパイス＆ハーブの歴史

スパイス＆ハーブの基本を知っておこう

古代から、人類は
その経験に基づく知恵を生かして
スパイス＆ハーブを生活の
いろいろな場面で役立ててきました。
今日まで約5000年に及ぶその長い年月には
どのような変遷があったのでしょうか。
今では私たちにも身近になった
スパイス＆ハーブの歴史を
簡単にたどってみましょう。

世界における歴史

古代には薬草として また祭事にも使われたスパイス

古代エジプトでは死後、魂はその肉体に再び還って復活すると信じられており、王族など高貴な人々の遺体が腐らないように、ミイラが盛んに作られました。そのときに強力な防腐作用を持つシナモンなどのスパイスが、遥か遠い国から取り寄せられ、死者の体内に詰められたのです。またその王族の墓所であるピラミッド建設の際に、多くの労働者たちに体力をつける強壮剤のような目的で、大量のガーリックが使われていたことも伝えられています。

中国の漢の時代には、宮廷の官吏が天子に政事（まつりごと）を奏上するときに、1本のクローブを口に含んで口臭を消し、吐息を清める香薬として用いていたなど、いずれにしても薬用として貴重な存在だったようです。このほか各国で山椒、クローブ、シナモンなどが寺院や教会で火にくべられ、空気を清める香煙として使われたり、紀元前2500年頃の中国ではスパイスを加えた香酒や香飯が神に供えられたりと、宗教的にも重要な役割を担っていました。

医学、薬学の誕生にも ハーブは深くかかわる

医学の祖と呼ばれるギリシャのヒポクラテスは、紀元前400年頃にすでに400種ものハーブの処方を残しており、その中でハーブの香りによる効能に触れ、そ

れまでの呪術的な手法ではなく、科学的に病気をとらえ、現代にも通じる医学の基礎を築きました。また紀元50～70年頃に活躍したローマ時代の医師ディオスコリデスは、植物、動物、鉱物などあらゆるものを利用し、鎮痛や消炎、利尿、下剤などの薬理機能上から分類した「マテリア・メディカ（薬物誌）」を著しました。掲載されている植物は600種にも及びます。こうして経験的に知られた植物（スパイスやハーブ）の効果が体系化され、医学や薬学、植物学が誕生したのです。インドのアーユルヴェーダ、中国の漢方も、古くからスパイスやハーブを医療に使うことで知られています。

マルコ・ポーロの「東方見聞録」で東洋への憧れが始まる

古代には薬用、神仏用、媚薬、保存剤として使われていたスパイス&ハーブは、貴重品として扱われていました。その後、中世にかけては、産地である遥か遠くの東洋からヨーロッパに陸路で運ばれましたが、途中、盗賊や自然災害などの危険にさらされ、2年もの年月をかけて運ばれたため、価格は跳ね上がり、金銀に匹敵する高価な財宝として、アラビアやベネチアの商人によって取り引きされたのです。交易の中継地となったアラビアの街は、のちにアラビアンナイト物語に描かれたように、大いに繁栄しました。

数あるスパイスの中でも特に入手が困難だったこしょう、クローブ、ナツメッグ、シナモンなどは、ヨーロッパの人々にとってはまさにかけがえのない貴重品であり、生産地の東洋が宝の島のように思われ、強い憧れを抱きました。著名なマルコ・ポーロの「東方見聞録」は、東洋を旅して目にした美しい絹織物、中国やモルッカ諸島のスパイス、ジパング（日本）の黄金の宮殿などを1299年にまとめたものです。これがヨーロッパの人々に強烈な印象を与えるとともに、東洋への好奇心をかきたて、300年にわたる海の冒険家たちによる大航海時代へと突入していくのです。

上／東西の交易の中心地として栄えたベネチア。
下／東洋を旅したマルコ・ポーロ一行を描いた絵。

大航海時代に得たスパイスがヨーロッパに富をもたらす

1492年、イタリアのコロンブスはスペインのイサベル女王の賛同を得て、1504年までの間に4回も大西洋を渡って西南を目指し、絹、金、香辛料などの宝庫であるジパングを含む東洋の国々を探索しましたが、南北アメリカという大陸の壁に阻まれ、それらを手にすることはできませんでした。しかし、アメリカ大陸固有のスパイスだった唐辛子の発見は、その後の世界の食文化に大きな影響を与えました。一方、ポルトガルではバスコ・ダ・ガマが1498年にインド西海岸（マラバル海岸）のカリカット（現在のコーチン）までの航海に成功し、暴利をむさぼられていたこしょうやシナモンを安価で手に入れる道を開き、海洋王国ポルトガルの栄光の時代を築くきっかけをつくりました。

スペインでは1520年にマゼランとセラーノがマゼラン海峡を発見し、太平洋の横断に成功。マゼランはフィリピンのセブ島で戦死しましたが、船団は苦難の末に香料諸島（モルッカ）に到達し、彼らが持ち帰ったクローブ、ナツメッグ、シナモン、メースなどのスパイスはスペインに莫大な利益をもたらしました。一方で、スパイスの交易でにぎわったアラビアやベネチア、ペルシャの街は衰退の一途をたどることになります。

上／コロンブスの一行がサンサルバドル島に上陸したときの絵。1492年10月12日未明のこと。下／コロンブスの航海を支援した、スペインのイサベル女王。

スパイスは食生活を劇的に変え、スパイス戦争の勃発に

こうして冒険者たちによって海洋貿易路が開拓され、スパイスが比較的たやすく手に入るようになると、ヨーロッパではスパイスやハーブが薬用としてだけでなく、肉の貯蔵用として一般大衆にまでその利用が広まり、大量に消費されるようになります。また食生活そのものが、生命を保つためというシンプルな目的から、楽しみながら味わうという食文化の方向へ発展していきます。そのため、カルダモン、ジンジャー、クローブ、ナツメッグ、シナモンなどはその香りが重要な意味を持つようになります。

この頃スパイスやハーブの栽培はヨーロッパでも行われるようになったのですが、どうしても手に入らないものとしては、こしょう、クローブ、ナツメッグがあり、ヨーロッパ各国でその争奪戦が激化し、東南アジアにおけるスパイス戦争に発展したのです。

カリカットにあるバスコ・ダ・ガマの上陸記念碑。

ポルトガルに続いてスペイン、イギリス、そしてオランダが参戦

スパイスをめぐっての争いは、16世紀前半にまずポルトガルが産地や交易地を制し、続いてスペインが最強国のひとつとして進出し、植民地を次々に獲得していきました。16世紀後半にはイギリスが海賊行為によってスペイン、ポルトガルの領海へ進出し始め、1600年のイギリス東インド会社設立以降は、そこを拠点として勢力拡大のための布石を打っていました。

このイギリスの動きと同じ頃にオランダもこの海域を虎視眈眈と狙っており、16世紀末にモルッカ諸島に進出し、印象よく交易を行って現地の人に歓迎され、のちのオランダ支配の礎を築きました。その後1602年にオランダ東インド会社を設立、ポルトガルの追い落としにかかり、クローブ貿易の支配権を奪いました。そこにイギリスも割り込んできたために、4カ国による植民地の争奪をかけた乱戦状態が続きました。これをスパイス戦争と呼んでいます。結局、モルッカ諸島は一部を除きオランダの統制下に入り、18世紀までの2世紀近くに及びオランダが繁栄をほしいままにしました。

17世紀に活躍したスペインの帆船。

パナマ海峡に残る、スペインの古い要塞跡。

スパイス戦争の終わりはフランスの知略から

こうして栄華を誇っていたオランダを崩したのは、それまで参戦しなかったフランスでした。それも真正面から戦いを挑むのではなく、知略をもって勝利を得て、スパイスから得られる利益を追求したのです。その方法とは、盗木でした。1770年頃、クローブやナツメッグなどの利益を生む苗木をオランダ官憲の目をかすめて盗み出し、フランス支配下のフランス島（マダガスカル島）に移植することに成功したのです。その後、移植先はさらに南米、西インド諸島などへ広がっていきました。

イギリスもまたクローブやナツメッグをペナン島に移植しており、さらにアラビア人も入り乱れてスパイスの苗木の移植はいっそう進んでいきました。こうした栽培地の広がりとともに、ヨーロッパ各国による香料諸島（モルッカ）の領土化植民地政策は意味が薄れ、19世紀中頃には原産地より移植地での生産高が増大し、スパイス戦争は自然に終焉を迎えることになりました。

スパイス&ハーブの歴史

日本における歴史

日本の食文化とスパイス&ハーブ

「薬味」という言葉はあっても、スパイスや香辛料は最近まで日本人にはなじみの薄い言葉でした。ヨーロッパや酷暑の東南アジア諸国では、かつては新鮮な食材が手に入らず、食材の防腐剤、臭み消しのためにスパイスを大量に消費してきましたが、気候風土に恵まれ、新鮮な海山の幸を比較的たやすく入手できる日本では、そういった防腐や強い香りづけを目的としたスパイス使いが必要なかったからです。

また日常の食生活も古くから魚介類と野菜が中心であったため、スパイス&ハーブも魚介に関するものが多く、わさび、山椒、しょうが、ねぎなどがあげられ、その使用法も食材の持ち味を損ねない程度に、隠し味や薬味として少量を添えるようなものでした。このような用途から、日本料理に用いるスパイスは辛さを伴うものが多く、そのため「スパイス」と聞くと「辛いもの」という認識が強いのです。しかし、じつは世界各国で使われるスパイスのうち、辛みを持つものは1割もありません。

スパイスが渡来したのは奈良時代（8世紀）

712年に編纂された「古事記」には、しょうが、もしくは山椒をさすはじかみやにんにく、東大寺「正倉院文書」（734年）には胡麻子（ごま）、そしてほかの書物にもからし、わさびなど和風スパイスが登場し、古くから日本でも栽培されていたことがわかります。にんにくは「延喜式」（927年）に栽培法が記されています。一方、こしょうなどの熱帯地方原産のスパイスは、聖武天皇の時代（724〜749年）にすでに日本に上陸していたのです。正倉院の御物の中にこしょうのほか、クローブ、シナモンがおさめられており、いずれも貴重な薬として日本に渡来していたことは間違いありません。

正倉院のある奈良・東大寺（745年建立）。

その後も中国との交易、中世ヨーロッパ人の来航、日本の東南アジア諸国への渡航、近世の御朱印船貿易などによって、クローブ、こしょう、唐辛子などのスパイスが次々に渡来してきました。

☑ 唐辛子を日本流にアレンジ

唐辛子が日本に上陸し、その薬効が明らかになると食品として急速に普及し、江戸時代後期には薬味として全国に広がっていきました。この薬味とは七味唐辛子のことで、江戸時代初期の寛永２年（1625年）に、からしや徳右衛門が江戸の薬研堀（現在の東日本橋）に店を構え、売り出したのが最初といわれています。

もともとは漢方薬の配合がヒントになったといわれますが、唐辛子、山椒、陳皮、青のり、ごま、麻の実、けしの実など主に7種のスパイスを混ぜ合わせて作られる、日本独自のミックススパイスということができます。

☑ カレー料理は文明開化から

1633年から200年余りも続いた鎖国が終わり、明治維新によって文明の道が開けました。その文明開化まもない明治5年（1872年）に刊行された「西洋料理指南」や「西洋料理通」の中に、初めてカレーの作り方が発表されました。

もともとインド料理であるカレーは、イギリス本国に高級インド料理として伝えられ、次には西洋料理として日本に紹介されました。そして米を主食とする日本では、ごはんに直接カレーをかける、カレーライスという独自のメニューが広まったのです。日本でのスパイスの普及は最近だと思われがちなのですが、じつはクローブやナツメッグ、クミン、ターメリックなどはカレー粉として、その一部はウスターソースとして、戦前から日本の食卓で消費されていたのです。

その後、イタリアン、エスニック、激辛ブームなどの食の流行や、海外旅行が盛んになるなど、さまざまな要因が食の多様化を進め、家庭におけるスパイス＆ハーブの存在もすっかりポピュラーなものになってきています。

これだけは知っておきたい スパイス&ハーブの基礎知識

なんとなく使っていた
スパイス&ハーブ。
基本の知識を覚えると
もっともっと興味がわいてきます。

1 スパイス&ハーブの定義

「スパイス&ハーブの定義」や「スパイスとハーブの区分」については、国や専門家によってさまざまな考え方があります。そのひとつの考え方は「芳香性植物の一部で、料理、園芸、クラフトなど、人間の生活の中の何らかの分野で有益な役割を果たすものであり、スパイスとハーブに大別される」です。

また、スパイスとハーブの区分についてもいくつかの考え方がありますが、利用する部位（種子、根、果実、葉、花など）によって大別するのが一般的です。

2 スパイス&ハーブの3つの分類

スパイス&ハーブにはいくつかの分類方法があります。これらを知ることで、今までなんとなく使っていたスパイス&ハーブの特徴についての理解が深まり、使いこなしの幅がもっと広がります。

① 形態と形状による分類

ドライのものは、その粉砕や混合の方法によりさらに詳細に分類。

フレッシュ

生で使用するスパイス&ハーブのこと。日本で古くから使われているものに、しその葉、木の芽（山椒の若葉）などがある。最近ではバジルやルッコラ、パクチー（香菜）などのハーブも一般的になった。本来の新鮮な香りと色合いが料理をおしゃれに演出してくれる。

ドライ

乾燥させたスパイス&ハーブで、保存がきくので手軽に使うことができる。用途によりさまざまな粒度や分類がある。

単品

ほかのスパイスや調味料などと混合されていない1種類のスパイスまたはハーブ。これらは粒度によって分類することができる。

粒度・香りのとびにくさ

粒が大きく香りがとびにくい ⟷ 粒が細かく香りがとびやすい

ホール
果実や蕾（つぼみ）、樹皮や葉の形をほぼ原形のままの状態で乾燥させたもの。

あらびき
ホールを粗めに粉砕し、粒子を整えたもの。

パウダー
ホールを細かく粉砕したもの。

ミックス

複数のスパイスやハーブをミックスしたもの。カレー粉、ガラムマサラ、エルブドプロバンスなどが代表的。
“スパイスやハーブをミックスすることの利点”
ミックスすることで、幅、厚み、深みが生み出されたり（＝シナジー効果）、ミックスしたスパイスがお互いのとがった香りを消し合うことで、丸みのあるふくよかな香りとなる（＝マスキング効果）。

② 利用部位による分類

スパイス&ハーブは植物のさまざまな部位を利用しています。種や果実、葉の部分を利用する場合が多いのですが、サフランやクローブのように雌しべ、蕾を利用する珍しいものもあります。またパクチーのようにひとつの植物で種子、葉を使うという例もあります。

利用部位	香辛料植物
葉	タイム、ローレル、パクチー（コリアンダー／香菜）、セージ、バジルなど
種子	コリアンダー、フェンネル、アニス、クミンなど
果実	こしょう、唐辛子、オールスパイスなど
根・根茎	ジンジャー、ガーリック、わさび、ターメリックなど
樹皮	シナモンなど
花	サフラン（雌しべ）、クローブ（蕾）

コリアンダー、フェンネル、クミンなどは外観上、種子を利用するグループに入っているが、厳密に言うと植物学上は果実。ガーリックは根・根茎のグループに入っているが、鱗茎と呼ばれている部分。

③ 植物学による分類

植物の分類学的見地からスパイス＆ハーブを分類することもあります。基本的には大きな分類から順に「界、門、綱、目、科、属、種」という単位で詳細に分けられますが、科がわかれば、ある程度の特徴が推測でき、属、種までわかればスパイスやハーブの種類を特定できます。なかでも科名やその特徴をある程度覚えておくと、料理や栽培に役立つことがあります。

例 スパイス＆ハーブが多く属する科の特徴

科	特徴
シソ科	バジル、ミントなど。葉は対生し、爽やかな香りを持つものが多い。収穫するときは新芽の出ているすぐ上でカットする。
セリ科	クミン、パクチーなど。葉も種子も食用に用いられるものが多い。移植を嫌うものが多いので、なるべく何度も植え替えない。収穫するときは外側の葉から。
ショウガ科	ジンジャー、ターメリックなど。 スーッとする香りを持つものが多い。
アブラナ科	わさび、マスタードなど。辛みを持つものが多い。

※個別のスパイス＆ハーブが属する科については、p.51からの「スパイス＆ハーブ図鑑」をご参照ください。

3 スパイス＆ハーブの保存

せっかく揃えたスパイス＆ハーブを新鮮に保ち、
料理そのほかに生かすための正しい保存法を知っておきましょう。

1 フレッシュハーブの保存法

フレッシュハーブは野菜と同じ食品と考えて保存します。ドライよりもデリケートなので、「低温」「適度な湿気」「傷めない」を注意ポイントに。密封袋に入れて冷蔵庫の野菜室で保存しましょう。

※ハーブの茎の切り口に湿らせたティッシュペーパーやキッチンペーパーを巻きつけておくだけでも、ある程度もつ。植物が生育しているように野菜室で立てて保存できると理想的。ただし、多くのハーブは冷たすぎる風を嫌うので、冷風を受けない位置に置く。

保存適温と保存日数の目安

季節や保存状態によって大きく変化しますが、適切に保存した場合の保存日数のおおよその目安は、以下のとおりです。

※注意！ バジルは低温で長期間保存すると品質が落ちる（黒く変色するなど）ことがあるので、冷蔵庫に入れず密閉容器に入れて、10〜15度くらいの涼しい場所で保存する。水を入れたコップに挿し、涼しい場所で保存するのもいい。

保存温度	保存日数	アイテム
5〜7度	3〜4日	スペアミント、オレガノ、ペパーミント、セージ、レモンバーム、チャービル、タラゴン、イタリアンパセリ、ルッコラ、ディル、パクチー、マーシュ、フェンネル、チャイブ、ベビーリーフなど
7〜10度	1週間程度	タイム、レモングラス、ローズマリー
10〜15度	4〜5日	バジル

2 ドライのスパイス＆ハーブの保存法

ドライのスパイス＆ハーブの生命は香りと色です。その大敵は「光」「熱」「湿気」。これらを避けるために、容器の蓋をしっかり閉めて冷暗所で保存することが第一です。

※冷蔵庫、冷凍庫も保管に適しているが、そこから取り出された容器（びん）は冷えているため、蓋を開けたままにしておくと、びんの内側に水滴がつく（結露する）可能性がある。このため使ったあとはしっかり蓋を閉めて、すぐに冷蔵庫、冷凍庫に戻すことが大切（ただし、商品によって冷蔵庫保存指定のものもある）。また調理中の注意として、火のそばに置かない、容器の蓋を開けたら小皿に使用する量を振り出し、それを使うようにして鍋などの上で直接振りかけることはしない。

第一章

料理とスパイス&ハーブ

毎日にも、特別な日にも、料理にスパイス&ハーブを
上手に使えたらいいですね!
基本的な使い方から、世界の料理や飲み物、
手作り調味料などをご紹介します。

覚えておきたい
スパイス&ハーブの基本的な使い方

スパイス&ハーブの基本的な働きや使い方を知ることが料理名人への近道です。

I 香り、色、辛みの3つの働きを生かす

料理に利用するとき、スパイス&ハーブには3つの働きがあります。それは「香りづけ」「辛みづけ」「色づけ」ですが、なかでも「香りづけ」はほとんどすべてのスパイス&ハーブが持つ働きです。日本では長い間、スパイスとは辛いものと考えられがちでしたが、一番の特徴はこの香りであるということを理解するのが、スパイス&ハーブ使いの上級者になる第一歩です。

その1

『香りづけ』を生かす

スパイス&ハーブには、料理においしそうな香りをつけて食欲をそそったり、魚や肉などの素材の臭みを抑えてくれる働きがあります。その香りの正体は、揮発性の香気成分です。これらの成分は、植物中の組織や細胞に蓄えられており、それが破壊されたときに鮮烈な芳香を発生させます。この原理を利用して香りを引き出します。

香りを引き出す3つのポイント

1 スパイス(ホールの場合)

ミルなどで挽く
びん底などでつぶす、砕く
加熱する(スタータースパイスなど)

2 ハーブ(ホール、フレッシュの場合)

ちぎる、刻む、切り込みを入れる
もむ、砕く、たたく

3 パウダースパイスの場合

パウダー状のスパイス(ハーブ)は、瞬時に香りが立つように、あらかじめ香気成分が閉じ込められている組織・細胞を挽くことによって破壊しています。香り立ちがよい半面、時間がたつと香りの消失も早いので、保存と使い方に気をつけましょう(p.16参照)。

Column

スタータースパイスって何?

インドでは調理の最初に、ホールスパイスを油で炒め、油に香りを移してから具材を炒めることが多い。このように調理の最初の段階で使用されるスパイスを「スタータースパイス」と呼び、クミンやマスタード(シード)などがその代表的存在。

その2

『辛みづけ』を生かす

辛みを持つスパイス&ハーブは、料理の味を引き締めたり、食欲を増進させます。ただし分量を誤ると料理を台無しにしてしまいますので、少量ずつ味をみながら加えるといいでしょう。辛みとひと口に言っても、舌が焼けるような辛み、ピリッとシャープな辛み、鼻に抜けるツンとした辛みなどさまざまな個性があるため、第２章の「スパイス&ハーブ図鑑」で性質や特性を知って料理に生かしましょう。

その３

『色づけ』（彩り）を生かす

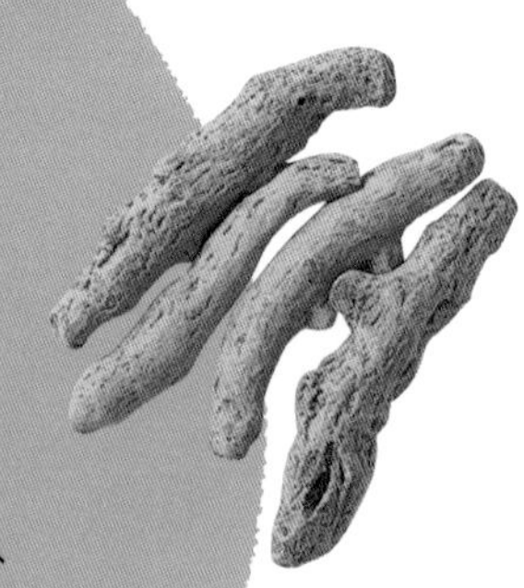

赤、黄、緑など食卓の鮮やかな色の演出に、スパイス&ハーブの色づけ（ターメリック、パプリカ、サフラン、くちなしなど）や彩りの作用は欠かせないもの。色合いは料理の大切な要素で、食欲にも影響します。

2 使うタイミングと使用量を覚える

スパイス&ハーブを使うタイミングと使用量を覚えましょう。

① 使うタイミング

下ごしらえ
（調理前の段階で）

目的

素材の臭みとり・香りをしっかりつける・色を出しておく（あらかじめ色素成分を出しておく必要のあるもの）

使い方例

素材にまぶす・素材とともに漬け込む・下ゆでに使う

おすすめのスパイス&ハーブ

まんべんなくまぶすには粒度の小さいパウダータイプを。マリネなど、香りを媒介してくれる液状のものといっしょに漬け込んで素材の臭みをとるような場合は、ホールなど粒度の大きいものがおすすめ。

調理中
（調理の初めや途中で）

目的

香り、辛み、色をじっくり引き出して料理に加える。

使い方例

炒め油に香りを移す・焼く前に振る・素材とともに焼く（のせる、刺す、素材にはさむ、いっしょにホイルに包むなど）・煮込むときや炊くときに加える・炒めものの最初や途中で加える

おすすめのスパイス&ハーブ

加熱する中で徐々に香りや辛みを引き出すので、粒度の大きいホールタイプが適している。
フレッシュハーブでは、ローズマリー、タイム、セージ、オレガノなど香りの強いものがおすすめ。

仕上げ
（調理の最後や食卓で）

目的

香り、辛み、色を瞬時に加える・スパイス&ハーブの彩り、形で華やかな演出をする。

使い方例

調理の最後に加える・でき上がった料理に振りかける（飾りつける）

おすすめのスパイス&ハーブ

瞬時に香りが広がるように、粒度の小さいパウダータイプを使用することが多い。
フレッシュハーブでは、ディル、チャービル、チャイブ、パセリなど葉がやわらかく、香りがマイルドなものがおすすめ。

❷ 使う量

使う量は料理によって違いますが、原則は少量から始めることが大切。スパイス&ハーブを使った料理での失敗は、スパイスやハーブの加えすぎ（オーバースパイス）です。自分の舌で試して少しずつ量をふやしていくといいでしょう。
なお、同じレシピであれば、フレッシュハーブの使用量はドライハーブの３倍量が目安です。水分が抜けたことでかさが減ったドライハーブは、フレッシュハーブの体積量の⅓程度で十分なのです。ただし、乾燥によって体積があまり変化しないハーブ（ローズマリーやタイムなど）は、ドライの場合とほぼ同量か、少し多いくらいの量にとどめるようにしましょう。

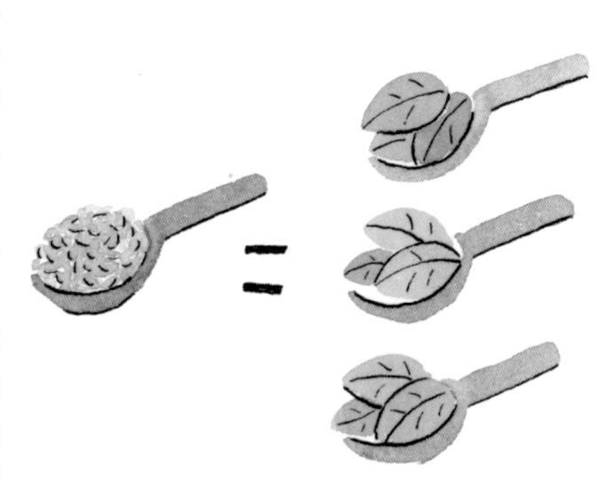

Column

フレッシュハーブを使うときの注意

【下準備では】
フレッシュハーブは野菜と同じように鮮度が大切な食材。その鮮度を保つために洗わずに販売されていることがほとんどなので、調理前に水洗いが必要。やわらかい葉のものはそっと洗う、そして洗ったあとはしっかり水けをきることが鉄則。キッチンペーパーなどでそっと包んで押さえ、水けをとっておく。また水けを含んだままだと傷みやすいので、使う分だけ洗うようにすること。

【刻むときには】
金気のある包丁を使うと、ハーブが変色してしまうことがあるので、手でちぎったり、ステンレスやセラミック製の包丁を使用すること。また包丁で刻むときは、まないたの上にキッチンペーパーを敷いておくと、水分を吸いとってくれたり、まないたににおいや色が残らず便利。

3 素材との相性を知る

それぞれのスパイス＆ハーブには相性のよい素材があります。第２章の図鑑のページを参考にして、少しずつ覚えていきましょう。ポイントは料理メニューとの相性ではなく、各素材との相性で覚えることです。

その一例

牛肉
ブーケガルニ、クローブ、オレガノ、ブラックペッパー、ガーリックなど

豚肉
ジンジャー、ナツメッグ、スターアニス、山椒、五香粉など

赤身魚
ジンジャー、チリペッパー、タイム、フェンネル、ディル、ガーリックなど

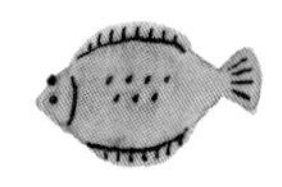

白身魚
タイム、フェンネル、タラゴン、バジル、ディル、チリペッパー、ジンジャーなど

さまざまな国の食文化を知る

世界の スパイス&ハーブ 料理とドリンク

古くからスパイス&ハーブと
上手につきあってきた国々では
どんな食文化が発展してきたのでしょうか?
その地域ごとの、スパイス&ハーブが
特徴的な料理・飲み物をご紹介しましょう。

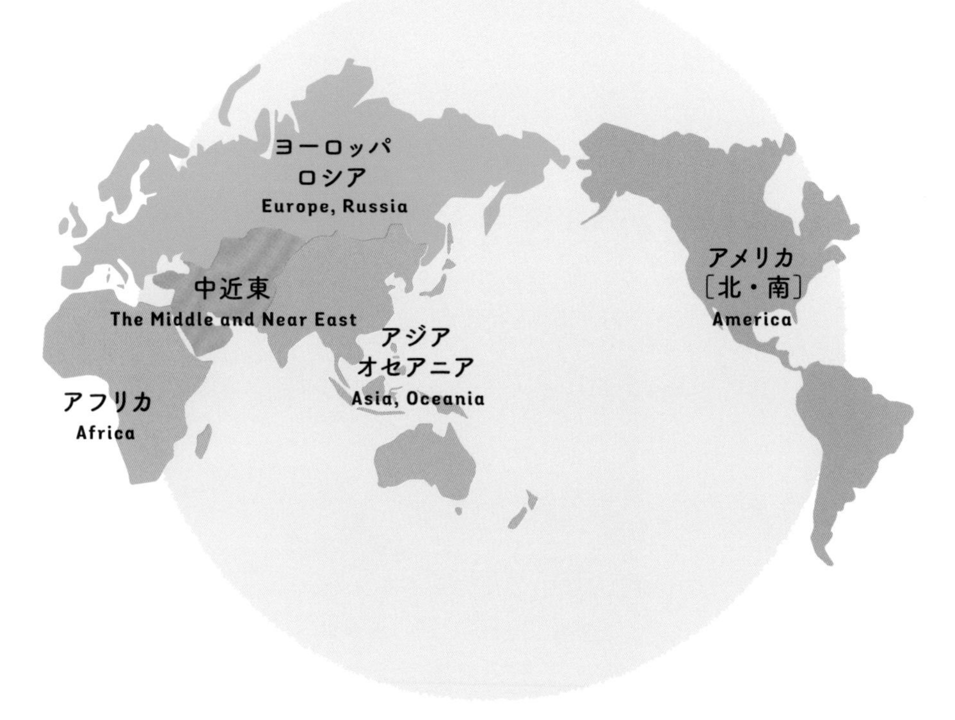

世界の料理

その国、地域ならではのスパイス＆ハーブ使いを覚えましょう。

[アフリカ]

北は地中海、西は大西洋、東はインド洋と黒海に面し、ユーラシア大陸に次ぐ広さを持つアフリカ大陸。多くの国や地域のさまざまな人種が集まるこの大陸では、先住民の伝統的な食文化に、植民地時代に入ってきたヨーロッパ諸国や、インド洋を通じて伝わってきたイスラム圏の食文化の影響が加わり、バラエティ豊かなものとなっている。クミンやコリアンダー（シード）、唐辛子といったスパイスが、各国・地域共通料理の風味づけとしてよく使われる。

クスクス

国・地域	メニュー名	決め手のスパイス＆ハーブ
北アフリカ（チュニジア、モロッコ）	クスクス クスクスという小粒のパスタに、肉や野菜を煮込んだスープをかけて食べる料理。食べるときにハリッサと呼ばれる唐辛子ペーストが添えられることが多い。	クミンなど

[中近東]

北は地中海、南はアフリカ大陸、またインドなどの影響を受け、バラエティに富んだ料理が多いことで知られている。食材ではオリーブ油、ヨーグルト、トマト、豆類、羊肉がよく使われ、スパイス＆ハーブでは唐辛子、クミン、コリアンダー、ミント、ごま油などを使用する。

タップーレ

国・地域	メニュー名	決め手のスパイス＆ハーブ
レバノン	タッブーレ パセリを刻んだものを、オリーブ油、レモン汁などであえたサラダ。	パセリ
中東地域（エジプトなどを含む北アフリカ）	デュカ（ダッカ） ごまやシードスパイス、ナッツ類を合わせたシーズニングスパイスで、オリーブ油にひたしたパンにつけて食べる。	コリアンダー、クミン、ごまなど

［ヨーロッパ・ロシア］

地域差はあるが、ほとんどの国で肉類とその加工品をメイン食材とする料理が多い。かつて新鮮な肉類の安定した入手が難しかった時代に、素材をよりおいしくする、より長く保存するための知恵として香辛料や酒類が使われていた。その食文化が今日まで受け継がれ、スパイス&ハーブの活用が盛ん。特に肉料理と相性のいいナツメッグ、オールスパイス、マスタード、ローズマリー、セージといったスパイス&ハーブが多用されている。また、地中海沿岸地域では新鮮な魚介類がふんだんに獲れるため、魚と相性のいいサフランやタイム、フェンネルなどがよく使われる。

国・地域	メニュー名	決め手のスパイス&ハーブ
イタリア	カプレーゼ 青の洞窟で有名なイタリア・カプリ島のメニュー。トマト、バジルの葉、チーズで作るカラフルなサラダ。前菜として人気。	バジル
イタリア	リゾット・アッラ・ミラネーゼ（ミラノ風リゾット） サフランやパルメザンチーズなどを使った、美しい黄金色のリゾット。	サフラン
イタリア	サルティンボッカ 仔牛肉の薄切りに生ハム、セージをのせてバターでソテーしたもの。「サルティンボッカ」はイタリア語で「口に飛び込む」の意味。	セージ
イタリア	ジェノベーゼ バジルにパルメザンチーズ、にんにく、オリーブ油などを加えてペースト状にした、イタリア・ジェノバ地方のソース。パスタをはじめ肉や魚介類にも多用される。	バジル
イタリア	カルボナーラ ローマ発祥の、ベーコンと卵を使ったパスタ。仕上げのブラックペッパーが欠かせない。	ブラックペッパー
フランス	ブイヤベース 白身魚、かに、えび、貝などの魚介類を煮込み、トマトやサフランで色と香りをつけたスープ料理。フランスの郷土料理として有名。	サフラン

国・地域	メニュー名	決め手の スパイス＆ハーブ
スペイン	**パエリア** スペイン・バレンシア地方発祥の料理。スペイン語で「フライパン」の意味。専用の鍋で炊き上げる、肉や魚介、野菜がたっぷり入った米料理。色づけにサフランが使われる。	サフラン
ハンガリー	**ハンガリアングラーシュ** 牛肉と野菜をじっくり煮込んだスープ料理。ハンガリー特有のパプリカがふんだんに使われ、その鮮やかな赤い色が料理のおいしさを引き立てる。	パプリカ
ウクライナ	**ボルシチ** ウクライナ発祥の料理で、ロシアをはじめ広く東ヨーロッパで食べられる、主に牛肉とビーツなどの野菜を煮込んだ料理。ディルの香りとサワークリームの酸味が特徴。	ディル

[アジア・オセアニア]

広大なアジアの食文化は、気候や風土、宗教、文化などによって多様で、米を主食とし、魚を重要なたんぱく源とする地域、麦や家畜の肉を主食とする地域などがある。味つけは東アジア、東南アジアにおいて大豆から作られるみそやしょうゆ、魚介が原料の魚醤など、発酵調味料が広く用いられているのが特徴。東南アジア、東アジアはスパイス&ハーブの重要な産地であり、それらをふんだんに使った独自の食文化が発達している。オセアニアには他地域の国の領地も多く、各国の食文化の影響を受けた多様な料理が見受けられる。

国・地域	メニュー名	決め手のスパイス&ハーブ
中国	トンポーロウ(豚の角煮) 豚のかたまり肉をじっくりと煮込んだ上海料理(東方系)。風味づけにスターアニスが欠かせない。シナモン、クローブなどがあわせて使われることも。	スターアニス(八角)
タイ	トムヤムクン 赤唐辛子の辛み、ライムの酸味、レモングラス、カフェライムリーフなどの爽やかな香りが特徴のスープ料理。具材にはえびが使われ、仕上げにはパクチーが加えられる。	レモングラス、パクチーなど
ベトナム	バインセオ ターメリックを混ぜ込んだ米粉の生地を薄く焼き、もやし、えび、豚肉などの具材をはさんだ、ベトナム風お好み焼きともいわれる料理。たっぷりのハーブが添えられる。	ターメリック

[アジア・オセアニア]

[世界のドリンク]

[アメリカ]

かつてコロンブスが発見し、「新大陸」と呼ばれたアメリカ大陸では、海、山を越えてさまざまな民族、人種が集まり、形成された食文化がある。「ハンバーガー」や「コーラ」に象徴されるファストフードとともに、各地域では独自の食文化が育まれてきた。また移民大国ならではの風土が、フュージョン料理と呼ぶべき新たな食文化も生み出してきた。

国・地域	メニュー名	決め手のスパイス&ハーブ
アメリカ	チリコンカン テクス・メクス（テキサス生まれのメキシコ風アメリカ料理）の代表的なメニューのひとつ。スパイスやハーブをきかせた豆と肉の煮込み料理。	チリパウダー、オレガノ
メキシコ	ワカモーレ メキシコ特産のアボカドで作るディップで、パクチーなどのハーブの風味が特徴。	パクチー、唐辛子

スパイスやハーブをきかせた世界のドリンク

世界の国々で好まれてきたドリンクを紹介します。

国・地域	メニュー名	決め手のスパイス&ハーブ
モロッコ	モロッコティー（モロカンティー） ガンパウダーと呼ばれる中国緑茶とミント、たっぷりの角砂糖をポットに入れ、熱湯を注いでいれるお茶。	ミント
サウジアラビア	ガーワ（アラビアンコーヒー） 真鍮製のコーヒーポットの口に、割ったカルダモンを数粒詰めてコーヒーを注ぐ、カルダモンコーヒー。	カルダモン
アメリカ	エッグノッグ 牛乳と卵で作られる濃厚な冬の定番ドリンク。風味づけにナツメッグなどのスパイスが使われる。	ナツメッグ
メキシコ	カフェ・デ・オーヤ 鍋で煮出して作るコーヒーで、風味づけにシナモンが使われる。砂糖たっぷりの甘い味わい。	シナモン
キューバ	モヒート 作家のヘミングウェイがこよなく愛したドリンクとして有名。ベースのラム酒にミントとライムで風味づけされる。	ミント

第一章
料理とスパイス&ハーブ

おうちで作れる
スパイス&ハーブのおもてなし料理

各国のスパイスやハーブを
上手に使った料理を紹介します。
ホームパーティにお出しすると
料理が生まれた国の話、
旅の思い出などで楽しい時間になりそうです。

チキンカレー

基本的なスパイスの組み合わせで
本格インド風カレーが作れます。
ターメリックの色が映える美しいライスを添えて。

材料（4人分）

〈チキンカレー〉
鶏もも肉…1枚（350g）
塩、白こしょう…各適量
玉ねぎ…大1個
にんにく…1かけ
しょうが…1かけ
ローレル…1枚
唐辛子…1本
プレーンヨーグルト
…200mℓ
トマト…大1個
サラダ油…大さじ1

A
ターメリック、
コリアンダーパウダー、
クミンパウダー
…各小さじ1
ナツメッグパウダー、
シナモンパウダー
…各小さじ½

〈ターメリックライス〉
米…2合（360mℓ）
ターメリック…小さじ1
塩…小さじ⅓
バター…10g

作り方

❶ ターメリックライスを炊く。米は洗ってざるに上げ、炊飯器の内釜に入れる。2の目盛りまで水を注ぎ、ターメリック、塩を入れて軽く混ぜ、バターをのせて炊く。
❷ チキンカレーを作る。鶏肉は一口大に切り、塩、白こしょう各少々を振る。玉ねぎは薄切りにし、にんにく、しょうがはみじん切りにする。トマトは1cm角に切る。
❸ 鍋にサラダ油を熱し、鶏肉の両面を焼き、焼き色がついたら取り出す。
❹ 鍋にちぎったローレル、種を取り除いた唐辛子を入れて弱火で炒め、玉ねぎを加えて茶色くなるまで中火で炒める。
❺ **A**を加え、香りが立つまで炒める。にんにく、しょうがを加えて炒め、ヨーグルト、トマトを加えてひと煮立ちさせる。
❻ 鶏肉を戻して混ぜ、水300mℓを加えてときどき混ぜながら弱火で20分ほど煮込む。塩小さじ1⅓、白こしょう適量で味をととのえる。

使用した
スパイス&ハーブ

ターメリック

コリアンダー
パウダー
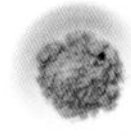

クミンパウダー
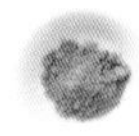

ナツメッグパウダー
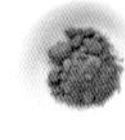

シナモンパウダー

白こしょう

唐辛子

ローレル

にんにく

しょうが

パスタジェノベーゼ

イタリアを代表するハーブである
バジルの風味を存分に味わえるジェノバ風パスタ。
ジェノベーゼソースはガーリックトーストや
肉料理にも合います。

使用した
スパイス&ハーブ

バジル

にんにく

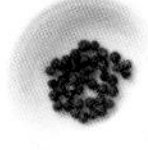

黒こしょう

材料（4人分）
じゃがいも…2個
さやいんげん…8本
パスタ…400g
ジェノベーゼソース…200mℓ
粉チーズ（パルメザン）…大さじ4
塩、黒こしょう…各適量

作り方
1. ジェノベーゼソースを作る（作り方は下記参照）。
2. じゃがいもは2cm角に切る。いんげんはへたを落とし、長さを半分に切る。
3. 鍋に3ℓの湯を沸かし、塩30gを入れる。パスタをゆで、ゆで上がる5分前にじゃがいも、1分前にいんげんを加え、ゆで上がったらゆで汁を少し取り分けてからざるに上げる。
4. ボウルにジェノベーゼソースを入れ、**3**と粉チーズを加えて混ぜる。好みでゆで汁を少し足してゆるめ、塩、黒こしょうで味をととのえる。

ジェノベーゼソース

材料（4人分）
バジルの葉…50g
にんにく…1かけ
粉チーズ（パルメザン）…大さじ3
松の実…30g
オリーブオイル…100mℓ
塩…小さじ1
黒こしょう…少々

作り方
1. バジルは洗い、キッチンペーパーで水けを拭く。にんにくは薄切りにする。
2. フードプロセッサー（またはミキサー）に**1**と粉チーズ、松の実を入れ、ペースト状になるまでかくはんする。オリーブオイルを加えてかくはんし、塩、黒こしょうで味をととのえる。

保存と活用

保存は冷蔵で1週間が目安。空気に触れると黒っぽく変色するため、清潔な保存容器に入れて表面をオリーブオイルで覆っておきましょう。冷凍すれば1～2カ月保存できます。ガーリックトーストや野菜のディップにはもちろん、肉や魚介のソテーに添えるのもおすすめです。

パエリア

スペイン料理を代表する、バレンシア地方発祥のごちそう。
魚介のうまみたっぷりのスープとサフランを加え、
色鮮やかに炊き上げます。

材料（直径28cmのパエリアパン1台・4～6人分）

有頭えび…6尾
あさり（殻つき）…200g
ムール貝…6個
いか…小1ぱい
鶏もも肉…1枚（300g）
塩、白こしょう…各適量
玉ねぎ…½個
パプリカ（赤）…½個
にんにく…1かけ

A
- サフラン…ひとつまみ（0.2g）
- 水…400mℓ

白ワイン…50mℓ
オリーブオイル　大さじ4
イタリアンパセリ…適量
レモン…½個
米（無洗米）…2合（360mℓ）

※あさりは分量外の塩水（3～3.5%濃度）で2～3時間砂出しする。

作り方

1. Aは混ぜ、20分ほどおいて色を出す。
2. えびは竹串で背わたを除き、ひげがあれば切る。あさりとムール貝は殻をこすり合わせて流水で洗う。いかは胴の部分に指を入れてわたと軟骨を除き、胴と足に分け、胴は1cm厚さの輪切りにし、足は2～3本ずつに切り分ける。
3. 鶏肉は一口大に切り、塩、白こしょう各少々を振る。玉ねぎ、にんにくはみじん切りにする。パプリカは細切りにする。
4. パエリアパンにオリーブオイル大さじ2、にんにくを入れて中火で熱し、香りが立ってきたら2を加えて炒める。白ワインを加えて蓋（またはアルミホイル）をし、貝の口があくまで蒸し、取り出して具と煮汁に分ける。
5. パエリアパンにオリーブオイル大さじ2を中火で熱し、玉ねぎを入れて透き通るまで炒め、鶏肉を加えて両面に焼き色がつくまで焼く。米を加えて炒め、透き通ってきたら火を止める。1と4の煮汁、塩小さじ½、白こしょう少々を加えて軽く混ぜ、平らにならして上に4の具、パプリカをバランスよく並べる。
6. 蓋をして弱火で15分ほど加熱し、汁けがなくなったら火を止めて10～15分蒸らす。
7. みじん切りにしたイタリアンパセリを散らし、くし形切りにしたレモンを添える。

使用したスパイス&ハーブ

サフラン

にんにく

白こしょう

イタリアンパセリ

✔ パエリア鍋がなくてもフライパンで作れる

フライパンでも作れます。グリーンアスパラガスや黄色のパプリカを加えると、見た目がより華やかに。貝類はあさり（またははまぐり）だけでも十分にうまみが出ます。

使用した
スパイス&ハーブ

チリパウダー

クミンパウダー

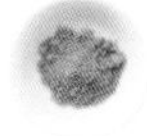

黒こしょう

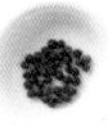

にんにく

ローレル

チリコンカン

ピリッとした辛みがクセになる
手軽に作れてボリュームのある豆とひき肉の料理。
アメリカやメキシコで定番のファストフードです。

材料(4人分)

玉ねぎ…½個
にんにく…1かけ
牛ひき肉…200g
A
- ホールトマト缶…400g
- トマトケチャップ…大さじ3
- ローレル…2枚
- チリパウダー…大さじ1½
- クミンパウダー…小さじ1

レッドキドニービーンズ(水煮)…400g
サラダ油…大さじ1
塩…小さじ½
黒こしょう…少々

作り方

1. 玉ねぎ、にんにくはみじん切りにする。
2. 鍋にサラダ油を熱し、**1**を入れて透き通るまで炒め、ひき肉を加えてよく炒め合わせる。**A**を加え、ときどき混ぜながら弱めの中火で20分ほど煮る。
3. レッドキドニービーンズを加えてさらに煮込み、汁けがほとんどなくなったら塩、黒こしょうで味をととのえる。

豚の角煮

スターアニスの風味をきかせた中国風の角煮。
脂身の多い肉もスパイスですっきり仕上がります。

材料（4人分）

豚バラかたまり肉…600g
塩、白こしょう…各少々

A	ねぎ…½本（青い部分） しょうが…1かけ スターアニス…1個 シナモンスティック…1本 砂糖…大さじ2 しょうゆ…大さじ3 酒…200mℓ 水…200mℓ

※Aの酒のうち50mℓ程度を紹興酒にかえると、風味がよくなる。

作り方

1. 豚肉は4cm角に切り、塩、白こしょうを振る。シナモンスティックは半分に折る。
2. フライパンを熱し、豚肉を焼いて全体に焼き色をつけ、取り出す。
3. 鍋に2、Aを入れて蓋をし、弱火で1時間ほど煮る。
4. 浮いたアクや脂を除いて強火にし、煮汁を煮詰めて全体にからめる。

使用したスパイス&ハーブ

スターアニス

しょうが

シナモンスティック

白こしょう

使用した
スパイス&ハーブ

パクチー

黒こしょう

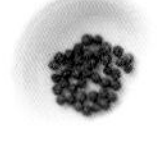

にんにく

セビーチェ

玉ねぎやハーブとあえた南米風の魚介マリネ。
白身魚などお好みの刺し身でアレンジしても
おいしく作れます。

材料(4人分)

刺し身(たこ、いか、ほたてなど)
…合わせて300g
パプリカ(赤、黄)…各1/6個
きゅうり…1/2本
セロリ…1/3本
赤玉ねぎ…1/2個

A
- レモン汁…1個分
- オリーブオイル…大さじ3
- 黒こしょう(あらびき)…少々
- にんにく(すりおろし)…1かけ分
- 塩…小さじ1/2
- パクチー(みじん切り)…1本

パクチー…適量

作り方

1. 刺し身は一口大に切る。パプリカ、きゅうりは1cm角に切り、セロリは斜め薄切り、赤玉ねぎは繊維に沿って薄切りにする。
2. ボウルにAを入れて混ぜ、1を加えてあえる。器に盛り、パクチーを添える。

※冷蔵庫で1時間ほどおくと、より味がなじみます。

フムス

中東の広い地域で食べられる、ひよこ豆とごまのペースト。
やさしい甘みの食べ飽きない味なので
パンを添えたり、サンドイッチにしても。

材料（4人分）

ひよこ豆（乾燥）…200g

A
- クミンパウダー… 小さじ½
- いり白ごま … 大さじ1
- オリーブオイル … 大さじ2
- レモン汁 … 大さじ1
- にんにく … 1かけ
- 塩 … 小さじ1弱

オリーブオイル … 適量
パプリカパウダー… 適量
※ひよこ豆の水煮（400〜450g）でも作れます。

作り方

1. ひよこ豆はさっと洗い、たっぷりの水に一晩（6時間以上）つける。
2. ざるに上げ、鍋に3倍量の水とともに入れて1時間ほどゆでる。やわらかくなったらゆで汁を100mℓほど取り分け、ざるに上げて水けをきる。
3. ミキサーに**2**の豆と**A**を入れてかくはんする。なめらかになったらゆで汁を少しずつ加え、好みのやわらかさにする。
4. 器に盛り、オリーブオイル、パプリカパウダーを振る。

使用したスパイス&ハーブ

クミンパウダー

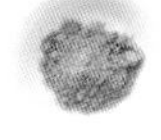

パプリカパウダー

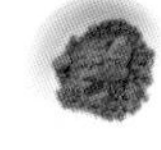

にんにく

ラムの煮込みとクスクス

小粒パスタのクスクスと野菜たっぷりの煮込みを
いっしょに食べる北アフリカの料理。
辛み調味料のハリッサ風ペーストを添えて召し上がれ。

材料（4人分）

〈ラムの煮込み〉

- ラム肉（ももまたはロース）…500g
- 塩…適量
- 白こしょう…少々
- 玉ねぎ…1個
- にんじん…1本
- じゃがいも…1個
- セロリ…½本
- ズッキーニ…½本
- かぼちゃ…200g
- オリーブオイル…大さじ1
- にんにく（みじん切り）…1かけ分
- A
  - クミンパウダー、コリアンダーパウダー、パプリカパウダー…各小さじ½
  - キャラウェイシード…小さじ⅓
  - サフラン…ひとつまみ
- ホールトマト缶…200g
- パクチー…適量

〈クスクス〉

- クスクス…100g
- 熱湯…100mℓ
- 塩…ひとつまみ
- バター…10g

ハリッサ風ペースト（好みで）…適量

作り方

❶ クスクスを作る。クスクスはボウルに入れて熱湯をかけ、木べらなどでさっと混ぜてひとまとめにし、ラップをかけて10分蒸らす。塩、バターを加えて混ぜ、食べるまでラップをかけておく。

❷ ラムの煮込みを作る。ラム肉は塩小さじ½、白こしょうをもみ込む。玉ねぎ、かぼちゃは1㎝厚さのくし形切り、にんじんは乱切り、じゃがいもは一口大、セロリは斜め薄切り、ズッキーニは1.5㎝厚さの輪切りにする。

❸ フライパンにオリーブオイルを熱し、玉ねぎを入れて炒める。しんなりしてきたら、ラム肉を加えて焼き色をつける。にんにく、**A**を加えて炒め、にんじん、じゃがいも、セロリを加えて炒める。水800㎖、つぶしたトマトを加え、煮立ったらズッキーニとかぼちゃを加えて弱火で20分ほど煮込む。

❹ 塩で味をととのえ、器に**1**とともに盛り、パクチーを添える。好みでハリッサ風ペースト（下記参照）をかけて食べる。

☑ クスクスって何?

セモリナ粉を粒状にした小さなパスタで、煮込み料理に添えたり、サラダに加えたりする。チュニジアやモロッコなどの北アフリカの料理だが、フランスでもポピュラー。ラムの代わりに鶏肉や牛肉で作ってもおいしい。入れる野菜はお好みで。

手作りハリッサ風ペースト

材料（作りやすい分量）

唐辛子…5本
にんにく…1かけ
オリーブオイル…大さじ4
パプリカパウダー…小さじ½
クミンパウダー…小さじ1
コリアンダーパウダー…小さじ1
キャラウェイシード…小さじ1
塩…小さじ⅓

作り方

唐辛子は小口切り、にんにくは薄切りにする。
すべての材料をすり鉢に入れてすりつぶす。

保存と活用

保存は密閉容器に入れて冷蔵庫で1週間ほど。煮込みだけでなく、肉料理にも合います。手軽な市販品もあります。

使用したスパイス&ハーブ

クミンパウダー

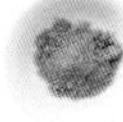

コリアンダーパウダー

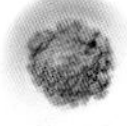

パプリカパウダー

キャラウェイシード

白こしょう

サフラン

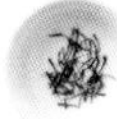

にんにく

パクチー

使用した
スパイス&ハーブ

カレー粉

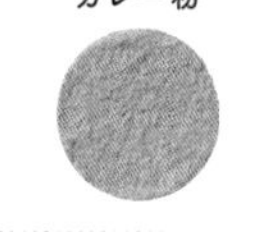

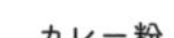

イタリアンパセリ

カリーヴルスト

屋台などで人気のドイツのファストフード。
ソーセージにたっぷりのケチャップソースと
カレー粉をかけるだけの簡単なレシピです。

材料(4人分)

フランクフルト … 8本
バター…10g
玉ねぎ … ¼個
A トマトケチャップ…120g
　ウスターソース … 大さじ1
カレー粉 … 小さじ2
フライドポテト … 適量
イタリアンパセリ … 適量

作り方

1. 玉ねぎはみじん切りにする。
2. フライパンを熱し、フランクフルトを焼き色がつくまで焼いて取り出す。
3. フライパンにバターを溶かし、玉ねぎを入れて透き通るまで炒め、**A**を加えて混ぜる。
4. 器に**2**を盛り、**3**をかけてカレー粉を振る。フライドポテト、イタリアンパセリを添える。

クミンポテト

クミンを炒めてエスニックな香りを引き出した
インドの家庭料理「サブジ」風のポテト。
さっと作れるので、つけ合わせやおつまみにぴったりです。

材料（4人分）
じゃがいも … 4個
オクラ … 4本
クミンシード … 小さじ2
にんにく … 1かけ
ターメリック … 小さじ½
サラダ油 … 大さじ2
塩 … 小さじ⅓
白こしょう … 少々

作り方
❶ じゃがいもは一口大に切る。オクラはがくをむいて長さを半分に切る。にんにくはつぶす。
❷ フライパンに油、クミンシード、にんにくを入れて弱火で炒め、香りが立ってきたらターメリック、じゃがいもを加えて混ぜ合わせる。
❸ 蓋をして2〜3分たったら上下を返し、オクラを加えて火が通るまで弱火で4〜5分蒸し焼きにする。塩、白こしょうで味をととのえる。

使用した
スパイス&ハーブ

クミンシード
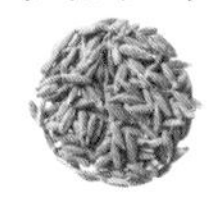

ターメリック

にんにく

白こしょう

使用した
スパイス&ハーブ

シナモン
スティック

カルダモン

クローブ

チャイ

たっぷりのミルクとスパイスが入ったインド風紅茶。
甘さはお好みで。

材料（4人分）
紅茶の茶葉（アッサムまたはセイロン）… 大さじ1⅔
シナモンスティック … 1本
カルダモン、クローブ … 各6粒
牛乳 … 400mℓ
砂糖 … 大さじ1～2

作り方
1. シナモンスティックは半分に折り、カルダモンはさやをつぶす。
2. 鍋に**1**とクローブ、水400mℓを入れて火にかけ、煮立ったら弱火で3～5分煮出す。
3. 火を止め、茶葉を加えて2～3分おく。
4. 牛乳、砂糖を加えて火にかけ、沸騰直前まで温めて茶こしでこし、カップに注ぐ。

焼きりんご

クローブとシナモンの甘い香りが引き立つスイーツ。
紅玉など酸味のあるりんごがおすすめです。
ホイップクリームやアイスクリームを添えると、さらにおいしい。

材料(4人分)
りんご(紅玉など)… 4個
バター…20g
シナモンパウダー… 小さじ1
グラニュー糖 …30g
クローブ …12粒

作り方
❶ りんごはよく洗い、底を残して芯をくりぬく。バター、シナモンパウダー、グラニュー糖を各¼量ずつ詰め、クローブを3粒ずつ刺す。
❷ アルミホイルを二重にして広げ、**1**をのせ、閉じ口が上にくるように包む。
❸ 200度に熱したオーブンで竹串が通るまで30〜40分焼く。

使用したスパイス&ハーブ

自分だけの味を楽しむ

スパイス&ハーブで手作り調味料

ハーブやスパイスが余ったり、育てているハーブが収穫できたら
オリジナルの調味料を作ってみませんか？
市販品とはひと味違う、新鮮な風味が楽しめます。

※保存びんはあらかじめ煮沸消毒して乾かしたものを使用してください。

1 漬け込むだけのラクラク調味料

オイルなどにスパイスやハーブを漬けておくだけなので、手軽に作れます。
常備しておくと、料理の下ごしらえや仕上げに活躍します。

手作りオイル

スパイスやハーブを漬け込んで作る自家製オイル。
香りが移った油は、パスタやドレッシングなど
いろいろな楽しみ方ができます。

材料（作りやすい分量）
油（サラダ油、オリーブオイルなど）… 100mℓ
好みのスパイス＆ハーブ … 適量

作り方
1. 保存びんにスパイス&ハーブを入れ、油を注いで蓋をする。
2. 冷暗所に1～2週間置き、漬け込んだスパイス&ハーブを取り出す（フレッシュハーブ以外はそのままでもよい）。

オイルに使われるスパイス＆ハーブ	組み合わせ例（油100mℓに対して）
・赤唐辛子 ・にんにく ・ローズマリー ・セージ ・タイム ・バジル ・こしょう ・コリアンダーシード ・マスタードシード など	▶ パスタやドレッシングに にんにく（生・軽くつぶす）1かけ＋赤唐辛子1本＋黒こしょう（ホール）10粒＋ローレル1枚 ※にんにくはスライスにんにく（ドライ）5枚にかえてもよい。 ▶ 肉料理などに ローズマリー（生）10cm＋スライスにんにく（ドライ）5枚 ▶ ドレッシングやチーズに バジル（生）5～6枚＋白こしょう（ホール）10粒

手作りビネガー

スパイス&ハーブのビネガーは、オイルと同じように好みでいろいろなバリエーションが楽しめます。
材料のスパイスとハーブは、単品でも複数でも。テーブルに置いてレモン代わりに料理にかけたり、ドレッシングに使ったりと幅広く使えます。

材料（作りやすい分量）
酢（ワインビネガー、穀物酢など）…100mℓ
好みのスパイス&ハーブ…適量

作り方
❶ 保存びんにスパイス&ハーブを入れ、酢を注いで蓋をする。
❷ 冷暗所に1～2週間置き、漬け込んだスパイス&ハーブを取り出す（フレッシュハーブ以外はそのままでもよい）。

ビネガーに使われるスパイス&ハーブ	組み合わせ例（酢100mℓに対して）
・ディル（枝葉、シードともに） ・オレガノ ・タイム ・タラゴン ・ミント ・ローズマリー ・セージ ・バジル など	▶ 白身魚や鶏肉料理に タラゴン（生）2枝＋黒こしょう（ホール）10粒 ▶ 魚介類のマリネやサラダに ディル（生）2枝＋ディル（シード）小さじ½＋白こしょう（ホール）10粒 ▶ 魚介やトマトを使った料理に タイム（生）2枝＋コリアンダーシード小さじ½ ※白バルサミコ酢で作ってもおいしい。 ▶ 肉やじゃがいも料理に ローズマリー（生）5cm＋赤唐辛子1本＋スライスにんにく（ドライ）5枚

オリジナルしょうゆ

和食に欠かせないしょうゆに
スパイス&ハーブを漬け込むことで
中華風や洋食にも活躍する調味料に。

材料（作りやすい分量）
しょうゆ…100mℓ
好みのスパイス&ハーブ…適量

作り方
❶ 保存びんにスパイス&ハーブを入れ、しょうゆを注いで蓋をする。
❷ 冷暗所に1～2週間置き、漬け込んだスパイス&ハーブを取り出す（フレッシュハーブ以外はそのままでもよい）。

しょうゆに使われるスパイス&ハーブ	組み合わせ例（しょうゆ100mℓに対して）
・赤唐辛子 ・スターアニス ・にんにく ・ローズマリー ・ローレル など	▶ 豚の角煮、野菜炒めなどに スターアニス（ホール）1個＋花椒（ホール）15粒＋赤唐辛子1本 ▶ 肉や魚のソテーに ローズマリー（生）5cm＋ローレル1枚＋黒こしょう（ホール）10粒 ▶ あえもの、炒めものなどに かつお削り節2g＋昆布3cm＋スライスにんにく（ドライ）5枚＋ローレル1枚

2 ひと手間かけて作るおいしい調味料

フレッシュなハーブやスパイスの風味を
たっぷり味わえるペーストやドレッシングをご紹介します。

手作り ハーブペースト

バジルソースのペーストが有名ですが
ほかのハーブでアレンジした
ペーストもとてもおいしいので
ぜひ試してみてください。

□ 基本のハーブペースト

材料（作りやすい分量）
フレッシュハーブ（葉の部分）…50g
にんにく…1かけ
松の実…大さじ1
オリーブオイル…50mℓ
塩…小さじ⅔

保存と活用

冷蔵で1週間が目安。空気に触れると変色するため、容器に入れて表面をオリーブオイルで覆っておきましょう。ファスナーつきポリ袋に小分けにして冷凍すれば、1～2カ月保存できます。

作り方
1. フレッシュハーブは洗い、キッチンペーパーで水けを拭く。にんにくは薄切りにする。
2. ミキサーに1と松の実を入れ、ペースト状になるまでかくはんする。
※ミキサーが回りにくい場合は、ここで分量のオリーブオイルを少しずつ加える。
3. オリーブオイルを加えてさらにかくはんし、塩で味をととのえる。

ペーストに使われるハーブ

●バジル（中央）
パルメザンチーズと混ぜ合わせてパスタソースにしたり、バゲットに塗ってトーストに。また肉や魚のソテーにかけたり、トマトやゆでたじゃがいもにからめるだけでもおいしい一品に。※半量をイタリアンパセリにかえると、より緑色のきれいな仕上がりになります。

●ルッコラ（左）
バジルペーストと同様の使い方で。ペーストにする際にアンチョビー（大さじ½ほど）を加えると、味わい深くなります。

●スペアミント（右）
ミントの香りが爽やかなペースト。洋風料理にも、エスニック風にも使えます。洋風の場合はオリーブオイル、エスニックの場合はサラダ油を使いましょう。

●パクチー（香菜、コリアンダーリーフ）
インド風のカレーに添える、白身魚のソテーのソースに加える、生春巻きに巻き込む、肉にまぶして焼いたり蒸すなど、手軽にエスニックな味が楽しめます。サラダ油でも作れます。

●イタリアンパセリ
バジルペーストと同様に、パスタソース、ソテーやフライのソース、ドレッシングなどに使えます。きれいな緑色に仕上がります。

手作りドレッシング

ドレッシングの基本はオイルと酢と塩。
その日の気分で
好きなスパイス&ハーブを組み合わせて
味のバリエーションを楽しみましょう。

基本のドレッシング

材料(作りやすい分量)
油(サラダ油、オリーブオイルなど)… 大さじ3
酢(穀物酢、米酢、ワインビネガーなど)
… 大さじ2
塩 … 小さじ½
こしょう … 小さじ¼
好みのスパイス&ハーブ(刻んだもの)… 適量

作り方
1. ボウルに酢、塩、こしょう、スパイス&ハーブを入れ、泡立て器でよく混ぜる。
2. 好みの油を少しずつ加えながら、そのつど乳化させるようにしっかり混ぜる。

保存

冷蔵で2～3日が目安。フレッシュハーブが入っている場合は早めに使いきりましょう。

ドレッシングに使われるスパイス&ハーブ

▶ 洋風タイプ
(オリーブオイルとワインビネガーで)
サラダ以外にもカルパッチョのソースやマリネ液に。
基本のレシピに、3～4種類のフレッシュハーブ(イタリアンパセリ、チャイブ、タラゴン、チャービルなどを合わせて大さじ2)をみじん切りにしたフィーヌゼルブ（フランス語で「みじん切りにしたミックスハーブ」のこと）を加える。
※さらにマスタード(ペースト状小さじ1)を加えると、風味がアップするとともに、油と酢がなじみやすくなる。

▶ 和風タイプ
(サラダ油と穀物酢か米酢で)
野菜サラダや蒸し野菜、焼き魚などに。
基本のレシピの塩の代わりにしょうゆ大さじ1を入れる。ゆずこしょう、わさび(すりおろし)、しょうが(すりおろし)各小さじ½などを加えても。

▶ 中華風タイプ
(ごま油と穀物酢か米酢で)
野菜はもちろん、焼き魚や揚げ物にも。
基本のレシピの塩の代わりにしょうゆ大さじ1、砂糖小さじ1～2、白ごま小さじ1を加える。
しょうがとにんにく(ともにすりおろし)各小さじ½、豆板醤、ラー油など好みのものを加えても。

▶ エスニックタイプ
(サラダ油と穀物酢か米酢で)
サラダだけでなく、生春巻きのつけだれにも。
基本のレシピの塩の代わりにナンプラー大さじ1、砂糖小さじ1～2、好みで唐辛子(あらびきか小口切り少々)を加える。好みで刻んだパクチー、ミント、バジルなどを加えても。

3 市販品にプラスするだけの簡単調味料

市販の調味料にスパイスやハーブを加えるだけで、味わいがぐっと広がります。
手軽なので、ぜひ試してみてください。

ケチャップにプラス

子どもも大人も大好きなトマトケチャップ。
原料のトマトと相性のいいスパイス&ハーブがよく合う。

ケチャップ
大さじ4

＋

即席ピザソース
赤唐辛子(あらびき)小さじ1、バジル(ドライ)小さじ2、
オレガノ(ドライ)小さじ1
※お子さんには唐辛子抜きで作りましょう。

ソーセージやフライドポテトに
カレー粉小さじ⅔

タコライスやトルティーヤチップのソースに
チリパウダー小さじ1

みそにプラス

強い風味とうまみのあるみそは、それを引き立てるような
辛みや香りを持つスパイス&ハーブと相性がいい。

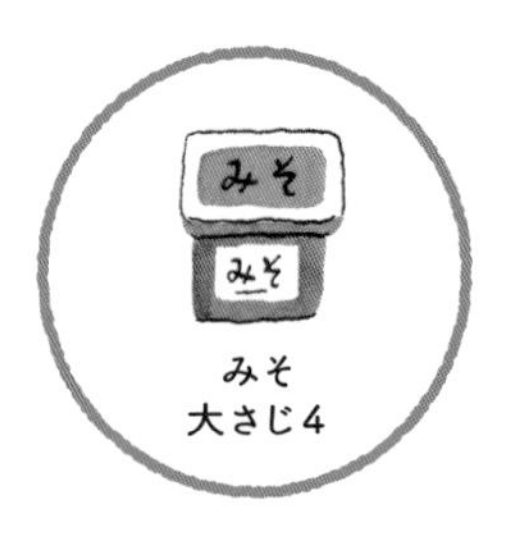

みそ
大さじ4

＋

みそあえ、焼きおにぎり、ポークソテーなどに
七味唐辛子小さじ1

ポークやチキンのソテー、きのこのホイル焼きなどに
ガーリック(パウダー)小さじ1

ポークソテー、みそ炒めなどに
山椒小さじ½

マヨネーズにプラス

こってりした味のマヨネーズは、辛みのあるスパイスと合わせると
メリハリのある味わいに。また、彩りのいいスパイス&ハーブを混ぜると華やかなソースに。

マヨネーズ
大さじ4

＋

ポテトサラダ、野菜のディップなどに
ブラックペッパー(あらびき)小さじ1

ポテトサラダ、あえものなどに
パプリカパウダー小さじ1

きのこ炒め、チキンやポークのソテー、トーストなどに
オレガノ(生・みじん切り)小さじ1

第二章

スパイス&ハーブ図鑑

初級者向き（25種）、中・上級者向き（20種）、
プロ級向き（35種）の
スパイス&ハーブの知識が学べる図鑑です。
別名や科名、原産地、利用部位、
特徴や用途などを
しっかり覚えて楽しみましょう。

科名はAPG体系により分類しています。

アニス

英 Anise

検定 1 2 級
中・上級者向き

別名	茴芹（ういきん）
科名	セリ科
原産地	地中海東部沿岸、エジプト
利用部位	種子（植物学上は果実）

リキュールにも使われる個性的な甘みと香り

植物

温暖な地域を好み、高さ40〜60cmに生長。

特徴・用途

個性的な甘みと香りを持つスパイス。クッキーやケーキなどの菓子類、またパンやシチュー、スープの風味づけに用いられることもある。その甘い風味を生かして、アルコール類の風味づけにも使われている。特に地中海沿岸諸国でアニスを用いたリキュールが多く存在。

水で割ると白く濁る不思議なお酒

アニスが使われているお酒（ぶどうとアニスの蒸留酒）に、トルコのラクやギリシャのウゾなどがある。これらはアルコール度数が40度にも達し、無色透明なのに水で割ると、テルペンという成分が水に反応して、たちまち白く濁る不思議なお酒。

ミイラの保存に

古代エジプトでは、ミイラの防腐・保存剤としてアニスとクミンが使用されていた（シナモンが輸入されるまでは）。

ウエディングケーキの始まりは？

紀元前3世紀頃のローマで作り出されたアニスを使ったワインケーキは、結婚式などの祝宴の最後に出されたという。豪華な食事のあと、客人たちの胃腸の消化を助けるために出されたものだったが、その後さまざまな祝宴、宴会などで客人をもてなすケーキとして大流行したという。これが現在のウエディングケ―キの由来といわれている。

オールスパイス

英 **Allspice**

検定 1 2 級
中・上級者向き

別名	百味こしょう、三香子(さんこうし)、ジャマイカンペッパー、ピメント
科名	フトモモ科
原産地	西インド諸島
利用部位	未熟な果実

いろいろなスパイスを合わせたような香りを持つ

植物

亜熱帯気候に適する。木丈は6～9mに生長。

特徴・用途

クローブ、ナツメッグ、シナモンを合わせたような、甘くて爽やかな香り。多くの素材と相性がいいため世界中のさまざまな料理に使われる、使い勝手のよいスパイス。スープ、シチュー、カレーなどの料理や、ハム、ソーセージなどの食肉加工品、ソース、トマトケチャップ、またケーキなどの風味づけに。ホールのままお酒に香りを移したり、ピクルスやザワークラウトなど酢漬け料理の香りづけにも使われる。

紀元前から

原産地近くで文明社会を築いていた古代マヤ人は、紀元前2世紀頃から王の遺体にオールスパイスを防腐剤として用いたり、調味料として使っていたといわれている。

16世紀に発見

世界各国に広まるようになったのは、スペインの探検家フランシスコ・フェルナンデスが1570年代にメキシコで発見してから。ヨーロッパにもたらされたのは17世紀初頭といわれているため、一般的には比較的歴史の浅いスパイスといえる。

オレガノ

英 **Oregano**

検定 1 2 3 級
初級者向き

別名	花薄荷（はなはっか）、ワイルドマジョラム
科名	シソ科
原産地	地中海沿岸
利用部位	葉および花穂

爽やかな香りでトマト料理にぴったり！

植物

温暖な気候を好み、高さ30〜60cmに生長。2cm前後の卵形の葉が対生。

特徴・用途

シソ科の植物が持つ清涼感のある香りが人気。イタリアのトマト料理に欠かせないハーブのひとつ。トマトソースのパスタやピザ、トマトの煮込みなどによく合う。また肉や魚などの素材の臭みを和らげるハーブとして重宝されているほか、きのことの相性も抜群。メキシコ料理やテクス・メクス（テキサス生まれのメキシコ風アメリカ料理）で多用されるチリパウダーにも不可欠で、チリビーンズ、チリコンカンなどの料理に使われる。

名前の由来

オレガノはギリシャ語で「喜びの山」を意味する語が語源。ローマ時代の美食家アピシウスが「おいしいソースには欠かせないスパイス」と言って、その香りを愛したといわれている。

身近な加工品に使用される

トマト料理と相性のよいオレガノは、手軽に家庭でも利用できるようにさまざまな加工品に使用されている。たとえばトマトケチャップ、ウスターソース、ミートソース缶など。

ガーリック

英 Garlic

検定 1 2 3 級
初級者向き

別名	にんにく、大蒜（おおひる）
科名	ヒガンバナ科
原産地	中央アジア
利用部位	鱗茎（りんけい）

臭み消し、スタミナ源として古来から大活躍

植物

温暖な気候を好み、葉は30〜60㎝に生長。鱗茎は扁球状に肥大し、数個〜数十個の鱗片に分かれている。

特徴・用途

肉や魚の臭み消しの働きが強く、強烈で独特の香りには食欲増進の効果もあるといわれる。塩、こしょうに次ぐ第三の調味料といわれるだけあって、古くからグリル、煮込み、スープ、麺類、ソースなど、世界各地の料理に幅広く使われている。フランス、イタリア、スペイン、メキシコ、インド、中国、韓国などの料理でも、風味の主役はほとんどガーリックであるといってもいいほど。

> 収穫したにんにくを風通しのよいところに吊るすと、乾燥して長持ちする。昔ながらの保存法。買ってきたものは専用のガーリックポットに入れて保存するとよい。

食欲を刺激する香り

生のガーリックには「アリイン」という無臭・無刺激成分が含まれていて、すりおろしたり、刻んだりした際に水分と、加水分解酵素「アリイナーゼ」が作用して「アリシン」に変化する。このアリシンが、料理の味を引き立てるガーリック特有の香り成分のひとつ。

ピラミッド建設の労働者のスタミナ源に

古代エジプトの巨大ピラミッド・ギザの建設に従事していた労働者たちに出されていた食事には、大量のガーリックとオニオンが使われていた。食糧としてだけでなく、炎天下の重労働に耐えるスタミナ源としての役割も大きかったといわれている。

源氏物語に登場！

にんにくについての記載は「古事記」（712年）や平安初期の書物「延喜式」にすでに登場しているが、11世紀の「源氏物語」の帚木（ははきぎ）の巻にも登場する。久しぶりに自分の元を訪れた男性に女性が蚊帳越しに「月ごろ、風病重きに堪へかねて、極熱の草薬を服して、いと臭きによりなむ、え対面賜はらぬ」と語るくだりがあり、この熱き薬草は乾燥させたにんにくを煎じた飲み物のことで、当時から風邪薬として知られていたことがわかる。

カルダモン

英 **Cardamom**

検定 1 2 級
中・上級者向き

別名	小豆蔲（しょうずく）
科名	ショウガ科
原産地	インド
利用部位	果実

「香りの王様」と呼ばれ カレー粉の原料にも

植物

2～5mの高さに生長。地面近くの低い位置に、赤い斑の入った白い花を咲かせ、長さ1～2cmの楕円形の実をつける。そのさやの中には12～20個の黒～こげ茶の種子が詰まっている。

特徴・用途

爽やかな強い刺激とほのかな柑橘系の香りが特徴。「香りの王様」と呼ばれ、インドではカレーやガラムマサラに多用される。日本のカレー粉の主原料でもある。パンや菓子、ソース、ドレッシング、ピクルスに、また肉・魚料理に使われる。コーヒーや紅茶、リキュールなどにも香りづけに用いられる。バイキングが8～10世紀頃に持ち帰ったとされる北欧では特に多用され、そのほかインド、アラビア、エジプトなどでも欠かせないスパイス。

使い方のコツ

カルダモンは、殻の中の黒い種子の部分に特に強い香りがあるため、ホールタイプを使う場合は、殻の部分に切り込みを入れて用いたり、殻をむいて種子そのものを取り出して、そのまま（または挽いて）用いると、より効果的に香りをつけることができる。

歴史の古いスパイス

カルダモンは紀元前1000年以上前からインドで泌尿器系の病気や肥満改善のための生薬やスパイスとして使われていたといわれる。紀元前8世紀末にチグリス川、ユーフラテス川地域にあったバビロニア王国のバラダン2世の庭園でも、カルダモンが栽培されていたという。

Column

ブラックカルダモンって何？

ブラックカルダモンとは、インドやアジアの一部地域で使われるショウガ科の植物の種子（植物学上は果実）のこと。インドではガラムマサラの材料などに使われている。別名ビッグカルダモンとも呼ばれ、グリーンカルダモンよりかなり大きいのが特徴。

【ブラックカルダモン】

【グリーンカルダモン】

キャラウェイ

英 Caraway

検定 1 2 級
中・上級者向き

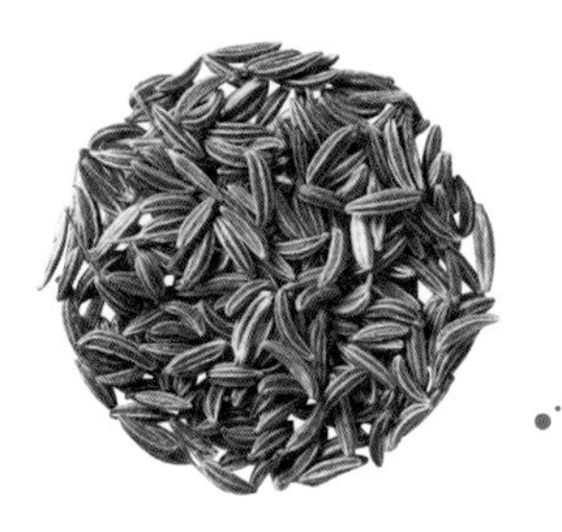

別名	姫茴香（ひめういきょう）、キュンメル、カルワイシード
科名	セリ科
原産地	ヨーロッパ、西アジアといわれる
利用部位	種子（植物学上は果実）

料理から焼き菓子まで爽やかな香りとほのかな甘み

植物

日当たりがよく水はけのよい肥沃な土壌を好む。耐寒性の植物で、30〜60㎝に生長。初夏に複散形花序をつける。

特徴・用途

スッとした爽やかさとほんのり甘い香りが特徴。北欧、中欧、東欧、北アフリカで特に人気で、肉、野菜、フルーツ（特にりんご）、チーズなどと相性がよく、グリルや煮込み料理、ソーセージ、ザワークラウト、ポテトサラダ、焼きりんご、チーズ料理などに使われている。また焼くと香ばしい香りがすることから、ライ麦パンやクッキー、ケーキなどにも使われる。ドイツのキュンメル酒、オランダのジン、スカンジナビアのアクアビット酒などアルコール飲料の風味づけにも使われている。

古代ローマ軍の兵隊食にも

ジュリアス・シーザー率いる古代ローマ軍が領土拡大のためにヨーロッパ各地を征服した際、キャラウェイを使った兵隊食を食べながら進軍し、このことがキャラウェイの伝播に大きく貢献したといわれている（このときに使われていたのはキャラウェイの種ではなく、肉厚の根の部分）。

人やモノを引き止める力

キャラウェイには、人やモノを引き止めておく力があるというおもしろい言い伝えがある。恋人の心を引き止め、愛情を永続させるロマンチックな魔力があるので、惚れ薬には欠かせない材料だったという。同様に家畜に食べさせると、引き止める力が働いて行方不明にならない、この種子を入れておけば、どんなものでも盗まれないなどという言い伝えも。

種子や芳香油はさまざまな加工品に

キャラウェイの種子は胃腸薬、風邪薬などにも使用され、また芳香油はソーセージ、缶詰などの味つけのほか、香水、化粧品、うがい薬などにも使用される。インドでは殺菌力があるとして、石けんの香料にもなっている。

くちなし

英 **Gardenia**

中・上級者向き

別名	山梔子（さんしし）
科名	アカネ科
原産地	中国、日本、台湾
利用部位	果実

おせち料理のきんとんで おなじみの色づけスパイス

植物

高さ1～5mの常緑樹。甘い香りの白い花を咲かせて、庭木としても人気。

特徴・用途

料理の黄色い色づけに使われる。栗やいもなどを煮て作るきんとん、たくあん漬け、ゼリーやキャンディなどの菓子など。くちなしに含まれる黄色い色素の主成分は「クロシン」（サフランと共通）。また、料理以外では、古くから布や工芸品の染料として使われている。

使い方のコツ

くちなしの黄色い色素の主成分「クロシン」は水溶性。果実を2つに割り、水または湯にひたしたり煮出したりして濃い黄色の液を作り、これを色づけに用いる。果実は色が出たら、こすなどして取り除く（あらかじめガーゼで包んだり、お茶パックなどに入れておくと除きやすい）。

名前の由来

果実が熟したあとも裂けないことから、口が開かない、口がないとの意味だといわれている、また細い種子のある果実を梨に、くちばし状のがくを「くち」に見立て、「くちを備えた梨」と呼んだとの説もある。

黄飯（おうはん）

大分県臼杵市の郷土料理「黄飯」は、くちなしの実を使って黄色く炊き上げたごはんで、「加薬（かやく）」と呼ばれる具だくさんの汁とともに食される。その昔、祝い事があったときに、赤飯の代わりに生み出された、あるいはスペインのサフランを使って黄色く炊き上げる「パエリア」に影響を受けているという諸説があるが、いずれにしても歴史のある料理といえる。

クミン

英 Cumin

検定 1 2 3 級
初級者向き

別名	馬芹(うまぜり)(「ばきん」とも読む)、ジーラ(ジェーラ)
科名	セリ科
原産地	エジプト
利用部位	種子(植物学上は果実)

使うだけでエスニックな風味に。スタータースパイスとして有名

植物

高さ数十cmに生長する。種子は長さ5～6mmの長楕円形で、縞模様がある。

特徴・用途

カレーを思わせるエスニックな芳香のある、カレー粉やチリパウダーに欠かせないスパイス。アフリカ、中近東、中南米、アジアなど世界各地で、肉や野菜料理、煮もの、炒めもの、パン、チーズなどに幅広く用いられる。インドのカレー、アフリカのクスクス、アメリカのチリコンカンなどが有名。インド料理ではスタータースパイスとして使われることが多い。

使い方のコツ

ホールを使う場合はスタータースパイスとして、調理の初めに油で香りを引き出して使われることが多い。具体的には、鍋に炒め油を入れて弱火にかけ、クミン（ホール）を2～3粒入れてシューッと細かい泡が出るようになったら、残りのクミンを加える。焦がさないようにきつね色になるまで炒め、具材を加えて炒める。カレー4人分でクミン小さじ½が目安。

ミイラの防腐剤にも

もともとはナイル川の渓谷に生育しており、古代エジプト時代には王侯貴族を死後ミイラ化して保存するために、防腐剤としてアニスなどほかのスパイスといっしょに用いられていた。また消化を助け、胃腸内にガスがたまるのを防ぐ作用があるといわれている。

男女の貞節を象徴するスパイス

中世のヨーロッパでは、クミンは恋人の心変わりを防ぐものと信じられ、結婚式を挙げるとき、ポケットに忍ばせて臨む風習があったといわれる。

Column

ブラッククミンって何？

「ブラッククミン」と呼ばれる小さな黒い粒のスパイスがある。これはニゲラというキンポウゲ科の植物の種子を利用するスパイスをさすのが一般的で、セリ科の「クミン」の一種ではない。この呼び名は主にヨーロッパでの名称で、インドでは「カロンジ」と呼ばれている。独特の香りとスパイシーな風味を持っており、インド料理には欠かせないスパイスである。

クローブ

英 **Clove**

検定 1 2 3 級
初級者向き

別名	丁子、丁香、百里香
科名	フトモモ科
原産地	モルッカ諸島（インドネシア）
利用部位	蕾（つぼみ）

名前の由来は「釘」。甘くて濃厚な風味が人気

植物

熱帯・亜熱帯地方で高さ4～7mにまで生長。スパイスとして利用する蕾は、開花直前（淡いピンクを帯び始める頃）に最も香りが強くなる。

特徴・用途

甘くて濃厚な風味で、肉料理との相性がよい。西洋料理ではポトフやビーフシチュー、肉のロースト、中国料理では豚の角煮などに欠かせない。またインド料理では肉を使ったカレーの風味づけに使われることも多い。フルーツとも相性がよく、コンポートや焼きりんごに使われる。またインドのマサラチャイや西洋のホットワイン、ケーキの風味づけにも用いられる。

香りの成分は？

クローブの香りの代表的な成分「オイゲノール」は、油脂の酸化防止や防腐作用を持つ。

使い方のコツ

シチューやカレーなどにクローブのホールを用いるときには、材料に十字の切り込みを入れ、そこに刺しておくと調理後に除きやすい。

正倉院におさめられていた

古くから中国、インド、ヨーロッパで口腔清涼剤、胃腸薬などとして重要な役割を果たしてきたといわれる。日本にも古くから渡来したものが、正倉院の御物におさめられている。

名前の由来

フランス語で「釘」を意味するクルウ（clou）と呼ばれているのは、その形が釘に似ているから。中国では丁香と呼ばれ、これも釘と同じ発音の「ディン」で、丁という字は釘の形をあらわすことから、釘にちなんだ名前といえる。遠く離れた東洋と西洋で同じ名前の由来があるのは興味深い。

こしょう

検定 1 2 3 級
初級者向き

英 **Pepper**

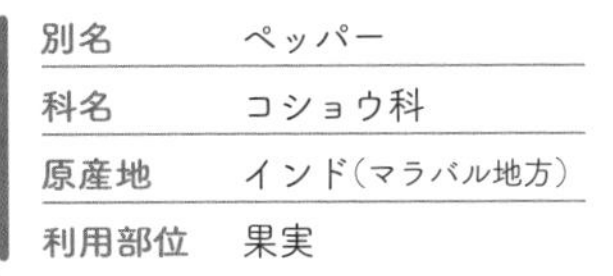

別名	ペッパー
科名	コショウ科
原産地	インド（マラバル地方）
利用部位	果実

ブラックペッパー
（黒こしょう）
Black Pepper

ホワイトペッパー
（白こしょう）
White Pepper

グリーンペッパー
Green Pepper

「スパイスの王様」の名にふさわしい活躍。中世まではかなりの貴重品

植物

主に熱帯地方で高さ5～9mに生長するつる性の植物で、支柱や樹木に巻きついて高く伸びる。白い小さな花を咲かせ、その後、房状に果実をつける（1房あたり50～60個）。果実の収穫時期と製法によって、ブラックペッパー、ホワイトペッパー、グリーンペッパーの3種類のこしょうができる。

特徴・用途

さまざまな食品の香りづけ、辛みづけ、臭み消しに利用されるスパイス。以下の3種類の特徴と風味を知って使い分けるとよい。

【ブラックペッパー（黒こしょう）】
Black Pepper

こしょうの未熟果（緑色）を摘み取り、天日に果皮ごと干して乾燥。野性的な香りと強い辛みが特徴で、ビーフステーキ、カルボナーラなど味の濃い料理、においの強い素材とよく合う。またハッシュドポテト、雑炊など淡泊な料理に用いればアクセントになって、おいしさを引き立てる。

【ホワイトペッパー（白こしょう）】
White Pepper

こしょうの熟果（赤色）を水に浸漬して果皮をやわらかくし、その果皮を除いて核部分のみを乾燥。白い色、マイルドな香り、強い辛みが特徴で、料理の風味や色を損なわずに辛みをつけることができる。オムレツやクリームシチュー、白身魚のムニエルなど、素材そのものの風味を生かしつつ辛みをつけたい料理や、色の淡い料理に用いられることが多い。

【グリーンペッパー】
Green Pepper

こしょうの未熟果（緑色）を摘み取って機械乾燥させる。塩漬けにする場合もある。爽やかな香りと辛み、きれいな緑色が特徴。この色を生かして、主にスープなどのトッピングに使われる。そのほかカレー粉、ソース、トマトケチャップなどの調味料の主原料にもなる。さらに産地では生のこしょ

こしょう Pepper

う（緑の未熟果）も多用されている（ピクルスや炒めものなど）。

辛みの成分は？

こしょうの辛みは「ピペリン」という成分。ピリッとした強い辛みが特徴。

ひとつの料理に3度登場する「スパイスの王様」

下ごしらえで、調理の段階で、食卓で……と同じ料理に3度使われることもあるなど、古くから世界各国で幅広く使用されているこしょうは、「スパイスの王様」とも呼ばれて多用されている。

中世ヨーロッパではかなりの貴重品

こしょうはギリシャ時代にインドからヨーロッパに伝わり、主に医薬品として使われていたという。海洋航路が開拓される前の中世ヨーロッパでは、肉料理の臭み消し、防腐剤、調味料として需要が高まった。ところが入手が困難だったため、たとえばひと握りのこしょうが牛1頭と交換できたほどのたいへんな貴重品に。このため当時は金銀宝石用の精密なはかりを使って1粒ずつ量り売りされたり、貨幣として流通することもあったという。貴族の家では純銀製の壺に入れられていたとか。

日本への伝来

高価だったこしょうが日本に伝えられた時代は明らかではないが、今日知られている最も古いものは、聖武天皇の御遺物が献納されている正倉院に残っているといわれる。薬としてシナモン、クローブ、にんじん、かんぞう、じゃ香などとともにこしょうが含まれており、遅くとも西暦749年には日本に伝来していたようである。

ピンクペッパーって何？

ピンクペッパー（仏名ポァブルローゼ）と呼ばれるスパイスは、ウルシ科のコショウボクという植物の果実を乾燥させたものが一般的（日本では最も多く流通）。ただし、こしょうの熟果（赤色）や、バラ科のセイヨウナナカマドの果実が使われることもある。コショウボク、セイヨウナナカマドはこしょうとは異なる植物で、辛みはない。主に料理の彩りに使われる。

ピンクペッパー
Pink Pepper

Column

こんな使い方も

アイスクリームにピンクペッパー、ブラックペッパーを散らし、スペアミントの葉を添えて。甘さにピリッとした刺激と爽やかさが加わり、彩りも美しい大人のデザートに。

コリアンダー

英 Coriander

検定 1 2 3 級
初級者向き

別名	コエンドロ、シラントロ、(葉だけをさして)香菜(シャンツァイ)、パクチー、カメムシソウ
科名	セリ科
原産地	地中海沿岸
利用部位	葉、種子(植物学上は果実)、根

種と葉のそれぞれ違う香りを楽しめる

植物

日当たりと水はけのよい肥沃な土地を好む一年草または越年性の植物。60〜90cmに生長。初夏に複散形花序をつける。

特徴・用途

スパイスとして利用される完熟した種子の部分と、ハーブとして利用される葉の部分ではまったく異なる香りを持つ。

【種子の部分】
甘く爽やかで、ほのかにスパイシーな香りを持つ。たんぱく質とよく調和する性質を持つことから、特にアフリカ、中近東、中南米、アジアなどで肉類、卵、豆類の料理によく用いられる。欧米ではピクルスやマリネなどの香りづけにホールのまま使われる。
その甘い芳香を生かして、揚げ菓子、カステラ、クッキー、パンなどにも使われる。インドや日本ではカレー(カレー粉)に欠かせないスパイスのひとつ。

【葉の部分】
強烈な臭気ともいわれる独特の芳香を持ち、料理のトッピング、炒めもの、ソースなどに使われる。特にアジア、南米、中近東などでポピュラーなハーブ。近年、日本でもエスニック料理の人気とともに、家庭でもよく使われるようになっている。

語源は虫

コリアンダーという英語名は、ギリシャ語で虫を意味する「コリス(koris)」が語源。ローマの博物学者プリニーが、この植物の葉がナンキン虫の香りに似ているとして「コリアンドラム」と命名したのが最初だといわれる。

甘い香りを生かすポプリ

コリアンダーの種子の芳香を生かし、ポプリやサシェに利用されることもある。

ノコギリコリアンダーって何?

ベトナムやタイで料理のつけ合わせやトッピングなどに登場するハーブ、ノコギリコリアンダー。別名「エリンギュウム(エリンジウム)」というハーブで、コリアンダーをややマイルドにしたような香りと、少しの苦みが特徴。

サフラン

英 Saffron crocus

検定 1 2 3 級
初級者向き

別名	サフランクロッカス、蕃紅花（ばんこうか）
科名	アヤメ科
原産地	南ヨーロッパ、西アジア
利用部位	花の雌しべ

パエリアでおなじみのスパイス。黄色の色づけと食欲をそそる香り

植物

半日ほど日の当たる場所を好む。スーッと長く伸びる葉は、15〜30cmに生長。淡紫色の花を地面近くにつける。

特徴・用途

水にひたすことで黄金色の色素とエキゾチックな芳香があらわれるスパイス。スペイン・フランス・イタリア料理、また菓子類などに黄色の色づけ、風味づけのため広く用いられる。特に米や魚介類、乳製品との相性がよく、代表的な料理にパエリア、ブイヤベース、ミラノ風リゾットなどがある。日本ではカレーや洋食に合わせたり、サフランを炊き込んだサフランライスが人気。また簡単な利用法として、サフランに湯を注ぐだけのサフランティーがある。

黄色い色の成分は？

サフランを水につけると溶け出してくる黄色い色は「クロシン」という色素成分。料理には、水、牛乳、白ワインなど水分となるものに20分以上つけて色出しをしてから使うのが基本。その後サフランは好みで取り除いても、そのまま料理してもいい。

サフランが貴重で高価な理由

サフランはクロッカスの雌しべのこと。長い雌しべの先が3つに分裂している、鮮紅色の部分のみ価値があるため、ひとつの花から3本しかとれない。1kgのサフラン（約50万本の雌しべ）をとるのに17万個余りの花が必要とされる。しかも一本一本手でていねいに採取するので、結果的にたいへん高価なスパイスとなる。しかし、色も香りもごく少量用いるだけで十分に効果を発揮する。

雌しべは3本？

写真は、ていねいに摘み取って、手のひらの上にのせたサフランの雌しべ。1本の長い雌しべが、途中から3つに分裂しているのがわかる。

山椒／花椒（ホアジャオ）

英 **Japanese pepper / Chinese pepper**

検定 1 2 3 級
初級者向き

山椒
Japanese pepper

花椒
Chinese pepper

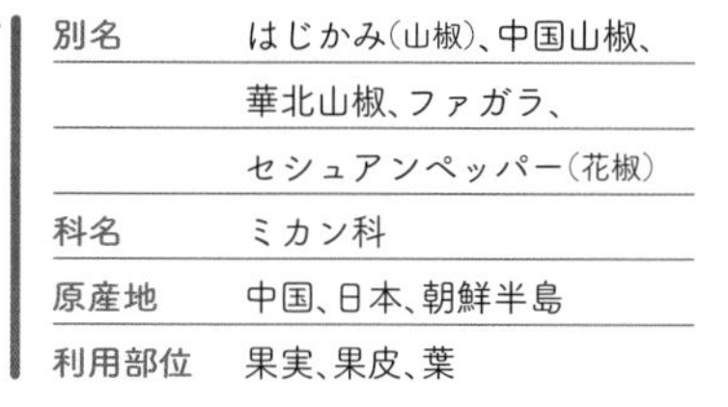

別名	はじかみ(山椒)、中国山椒、華北山椒、ファガラ、セシュアンペッパー(花椒)
科名	ミカン科
原産地	中国、日本、朝鮮半島
利用部位	果実、果皮、葉

山椒は小粒でピリリと辛い。刺激的な辛みが料理を引き立てる

植物

日当たりがよく、適湿かつ水はけがいい肥沃な土壌を好む。葉は奇数羽状複葉で互生する。

※山椒にはいくつかの種類があり、食用に利用される代表的なものとして「山椒」と「花椒」がある。狭義での山椒は前者をさす。

山椒

花椒

特徴・用途

山椒と花椒は同じミカン科サンショウ属の植物だが、種類は異なる。どちらも柑橘系の爽やかな香りと舌がしびれるような刺激的な辛みを持つが、花椒のほうがよりその辛みが強い。古くからの食文化により、山椒は日本の料理に、花椒は中国の料理に使われることが多い。

【山椒】
Japanese pepper

乾燥した果皮を粉末にした粉山椒は、うなぎの蒲焼きの薬味として知られる。こってりした素材をさっぱりした口あたりにする。みそやしょうゆなど日本の調味料との相性がとてもいいので、みそ汁、吸いもの、魚の照り焼きなどの風味づけに使われる。また七味唐辛子の原料に欠かせない。
若葉や新芽は「木の芽」と呼ばれ、汁もの、あえもの、刺し身のつまなどに風味づけや飾りとして用いられる。
熟す前の若い実は「実山椒」「青山椒」と呼ばれ、ゆでて塩漬け、またはしょうゆ漬けにされたものが、煮ものなどのトッピングに使われる。

【花椒】
Chinese pepper

中国四川料理では、唐辛子と並んで欠かせないスパイスで、麻婆豆腐の味は花椒で決

山椒／花椒 Japanese pepper / Chinese pepper

まるともいわれるほど。そのほか坦坦麺、火鍋、鶏肉の炒めものに利用される。花椒と塩をミックスした花椒塩は、揚げものや焼きものにつけるシーズニングスパイスとして活用される。また五香粉の原料に欠かせない。

お屠蘇（とそ）は病除け

日本のお正月の縁起物、お屠蘇の風味づけに山椒が使われている。これは中国の古くからの習慣で、病除けのために、祭事の祝い酒に山椒を入れて飲んでいた名残。中国では「暖気を与え、悪気を除く」といわれ、保温剤として用いられたり、たくさんの実をつけることから「子孫繁栄」を象徴するものとして重用視されていた。

「魏志倭人伝」にも登場

日本人と山椒の縁はとても古く、「魏志倭人伝」の中にも、3世紀頃の日本の風俗とともに、山野に山椒が自生していたことが記述されている。10世紀にはすでに薬として、あるいは薬味として山椒の葉が利用されていたという。

古代中国では権力のシンボルに

前漢時代に皇后が使っていた部屋を「椒房」と称していたが、由来は壁土の中に大量の高価な花椒を塗り込み、芳香を漂わせていたからといわれている。こうした贅沢な壁を持つ部屋をつくることで、富貴と権力を誇示していた一例である。

ステッキやすりこ木に

山椒の木の幹は非常にかたく締まって強いため、加工してステッキやすりこ木にすることが多い。このすりこ木を使うと、ほのかに山椒の香りがつくので、酢みそやつみれなどをするのにいい。

Column

あると便利な山椒の実

初夏に出回る山椒の実を茎からはずし、辛みを抑えるために熱湯で2分ほどゆで、ざるに上げる。これをもう一度繰り返してから一晩水にさらす（何度か水を取り替える）。ざるに上げて水けを拭き、保存容器に入れて冷蔵庫で保存。または小分けにしてラップにピチッと包み、冷凍することもできる。佃煮、塩漬けなどにするのもいい。

シナモン／カシア

検定 1 2 3 級
初級者向き

英 **Cinnamon / Cassia**

別名	肉桂（にっけい）、桂皮（けいひ）、にっき
科名	クスノキ科
原産地	スリランカ、インド（シナモン）、ベトナム、中国、タイ、インドネシア（カシア）
利用部位	樹皮

お菓子や飲み物、また料理にも幅広く使える

植物

温暖で水はけのよい場所を好む。10m程度に生長。15cm程度の長さで縦に葉脈の入った葉をつける。

※シナモンにはさまざまな種類があり、代表的なものに「シナモン」「カシア」があげられる。狭義でシナモンという場合には前者のシナモン（セイロンシナモン）をさす。シナモンは主にスリランカで採れる種類で、樹皮が薄いのが特徴。カシアは主にベトナム、中国で生産される種類で、樹皮は厚いのが特徴。

特徴・用途

シナモン、カシアともに甘くエキゾチックな香りを持つが、シナモンは柑橘系の爽やかで上品な香り、カシアは甘く濃厚な香りに特徴がある。一般的にはどちらもシナモンとして流通されているので、食用途のうえで明確な使い分けはされないことが多い。甘くてエキゾチックな芳香が、アップルパイ、シナモンロール、クッキー、ジャム、かぼちゃやさつまいもの煮ものなどの味を引き立てる。また豚の角煮、鶏の煮込み、ひき肉料理の風味づけにも生かされる。そのほか紅茶やコーヒー、ココアなどのドリンク類に入れて、その風味を楽しむことも。またグラニュー糖にあらかじめ混ぜ合わせたシナモンシュガーも人気。カレー粉、ソース、トマトケチャップなどの原料としても欠かせないスパイスである。

ミイラ保存のために

古代エジプトでは、シナモン（カシア）が入手できるようになってから、ミイラの保存のためにそれまで使われてきたアニスやクミンといったスパイスの代わりに、主要な薬剤（防腐剤）となった。日本でも遅くとも8世紀前半の聖武天皇の時代までに、こしょう、クローブ、香木などとともに中国産のシナモンが渡来していたことが、正倉院に生薬として保存されていることからも明らか。

シナモンとローレルの葉

シナモンの葉は別名「インディアンベイリーフ」と呼ばれることがある。これは、インドなどでは葉をローレルのように煮込み料理に利用することに由来。シナモンとローレルは同じクスノキ科クスノキ属の植物だが、葉を比較すると葉脈の走り方が異なるのがわかる。

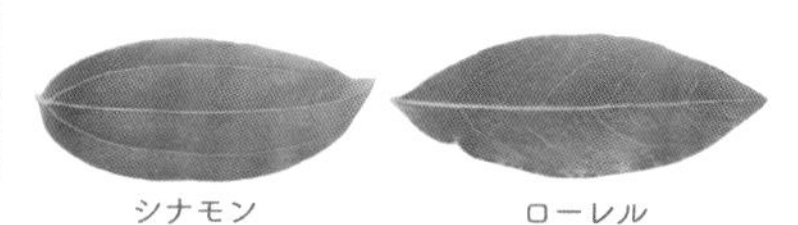

しょうが

英 **Ginger**

検定 1 2 3 級
初級者向き

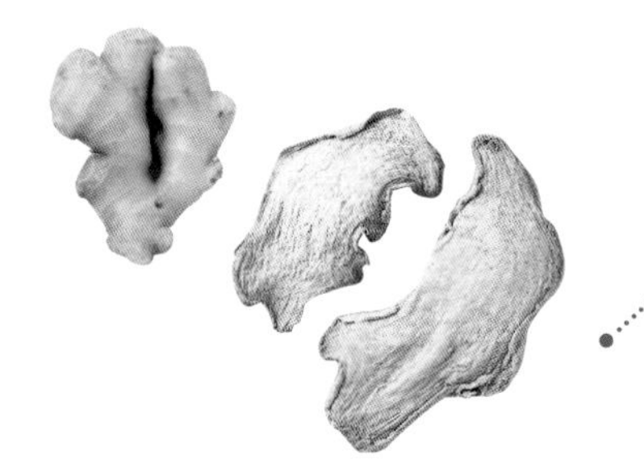

別名	ジンジャー、はじかみ
科名	ショウガ科
原産地	熱帯アジア
利用部位	根茎

日本でも古くから愛されてきた爽やかな香りと辛みが持ち味

植物

高温多湿な気候を好む。葉は高さ60～90cmに生長。根茎は薄黄色で繊維質。

特徴・用途

爽やかな香りと辛みで、肉類、各種ソース、菓子類、ドリンク類などの風味づけとして幅広く用いられ、カレー粉、チャツネなどの原料としても欠かせない万能スパイス。日本では生のしょうがはおろしたり、刻んだりして、あじのたたき、そうめんなどの薬味として利用されることが多い。また豚肉のしょうが焼き、中国風の炒めもの、魚の煮つけになどに素材の臭み消しや風味づけとして用いられる。乾燥させたしょうがの粉（ジンジャーパウダー）は特に欧米で好まれ、クッキーやケーキ、ジンジャーエール、ジンジャーブランデーなどに使われる。

しょうがの分類

【新しょうが】収穫したばかりの根茎でやわらかく、辛みも穏やかなので、そのまま食べたり、甘酢漬けにする。
【老成（ひね）しょうが】新しょうがの種になったり、収穫後に貯蔵して翌年に出回る根しょうが。かたく繊維質で、辛みが強く、魚の生臭さを除くのに適している。日本で流通するものはほとんどがこれ。
【葉しょうが】葉がついた状態で出荷されるしょうがの総称。ごく若く細い芽しょうがは筆しょうが、はじかみとも呼ばれ、甘酢に漬けて焼き魚のつけ合わせなどに用いられる。

特権階級の香り

10世紀頃のヨーロッパでは東洋の貴重なスパイスとして高価だったため、一部の特権階級の人々のみ、その香味を楽しむことができたという。その後、新たな交易ルートが開拓されると、その人気は次第に高まり、14世紀にはこしょうに次ぐ重要なスパイスとなった。とりわけドリンク類や菓子類の香味づけとして、ジンジャーエール、ブランデー、ジンジャーブレッドなどに幅広く利用された。

名前の由来

ジンジャーの語源はサンスクリット語で「シンガベラ」。「角の形をしたもの」という意味があり、ジンジャーの根茎が鹿の枝角によく似ていることに由来している。その昔、日本ではしょうがも山椒も「はじかみ」と呼んでいたが、しょうがには「薑」、山椒には「椒」の字を用いていた。そしてしょうがの生を「生薑（しょうきょう）」、干したものを「干薑（かんきょう）」と呼んで区別した。江戸時代から「生姜（しょうが）」と呼び始めている。

スターアニス

英 Star anise

検定 1 2 級
中・上級者向き

別名	八角(はっかく)、大茴香(だいういきょう)、パージャオ、ポイカッ、チャイニーズアニス、トウシキミ
科名	マツブサ科
原産地	中国
利用部位	果実

肉料理からデザートまで強くて甘い香りの個性派スパイス

植物

高さ5〜10mに生長。果実は星のような形で、8つくらいの角がある。

特徴・用途

独特の強くて甘い香りが特徴のスパイスなので、使用する量は多すぎないように注意。中国料理によく使われるが、特に豚肉料理や鴨料理などの香りづけに多用される。また甘い香りを生かして、杏仁豆腐などのデザートにも用いられる。ヨーロッパではアニスの代用として飲み物や加工食品の原料に使われる。また五香粉の材料にも使われる。

名前の由来

星のような特徴のある形が、「スターアニス」「八角」など各国での名前の由来になっている。

独特の甘い香りの成分は?

スターアニスの独特の甘い香りの主成分は「アネトール」。アニス、フェンネルの香りの主成分と共通であるため、これらは似通った香りがするが、なかでも一番スパイシー感が強いのが、このスターアニス。

料理の香りづけや石けんに

中国を原産地とする東洋的なスパイスのひとつで、古くから中国料理にはなくてはならない存在。漢方では胃弱、風邪薬に、また歯磨き粉、石けんなどの香料としても使われている。16世紀末にイギリスの船員によってヨーロッパに伝えられ、当時非常に高価だったアニスの代用品として使われた。

Column

スターアニス、アニス、フェンネルの関係は?

スターアニス、アニス、フェンネルの共通点は、個性的な甘い香りの主成分「アネトール」。このため、アニスの代用にスターアニス、フェンネルが使われることがある。

【スターアニス】

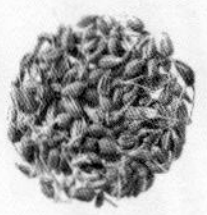

【アニス】

【フェンネル】

セージ

検定 1 2 3 級
初級者向き

英 Sage

別名	サルビア、薬用サルビア
科名	シソ科
原産地	地中海沿岸
利用部位	葉および花穂

ソーセージの語源になったともいわれる香りの強いハーブ

植 物

日当たりと風通しがよく、あまり肥沃でない石灰質に富む乾燥した土壌を好む。高さは60cm程度に生長。葉は長楕円形で、対生する。ハーブの中でも、比較的香りの強いハーブのひとつ。

特徴・用途

昔から広くヨーロッパ地域で、肉や魚などの脂っこい料理に効果的に使われ、ソーセージなどの食肉加工製品やシチューの風味づけなどにも用いられている。セージをきかせた代表的な一品としては、イタリア・ローマの名物郷土料理サルティンボッカがある。生の葉は、そのまま使うのはもちろんのこと、オイルやビネガーに漬け込んで香りを移したり、刻んでバターに混ぜ込んで冷凍しておけば、長くその香りを楽しむことができる。

ソーセージの語源

セージは、「ソーセージ」の語源になったという説がある。これは、英語のSow（雌豚）とその腸詰め製品に欠かせないハーブのSage（セージ）との合成語であるというもの。※ソーセージの語源としては、ほかに、ラテン語のSalsus（英語のSalted＝塩で味をつけた）に由来するという説もある。

ターメリック

検定 1 2 3 級
初級者向き

英 Turmeric

別名	うこん、秋うこん、インディアンサフラン
科名	ショウガ科
原産地	熱帯アジア
利用部位	根茎

カレーに欠かせないインドの家庭の常備スパイス

植 物

高温多湿の環境を好む。葉は高さ50～170cmに生長。秋うこんとも呼ばれ、秋（晩夏）に白い花を咲かせる。根茎は濃い黄色。

特徴・用途

ターメリックの鮮やかな黄色は、カレーやたくあんなどさまざまな料理の色づけに活躍。独特のやや土臭いような風味は、加熱することで弱まる。特に米、魚、牛肉、鶏肉、野菜（カリフラワーやじゃがいも、なす）といった素材に使われる。炒めもの、煮もの、揚げもの、スープなど加熱料理に使うと、味に深みを持たせる働きをする。カレー粉の主原料のひとつでもある。

色の成分は？

ターメリックの黄色い色素成分は「クルクミン」。油溶性成分なので、調理するときは油といっしょに使うと、なじんできれいに色づけできる。クルクミンは紫外線によって分解される成分のため、もし衣服についてシミになったら、洗って日光に当てておくとよいといわれる。

※通称で「うこん」と名がつくものにはほかに「春うこん」「紫うこん」があり、同じショウガ科ウコン属に属するが、別の植物である。

タイム

英 Thyme

検定 1 2 3 級
初級者向き

別名	立麝香草（たちじゃこうそう）
科名	シソ科
原産地	南ヨーロッパ
利用部位	葉および花穂

魚介と相性がいいため「魚のハーブ」と呼ばれる

植物

日当たりと水はけのよい土壌を好む。高さ5～20㎝に生長。葉は7㎜前後と小さく、対生する。

特徴・用途

清涼感のある強いスッとした香りで、魚、肉、トマトなどと相性がいい。煮込みやスープ、香草焼き、ムニエルなどによく使われる。なかでも魚介類と抜群に合うことから「魚のハーブ」と呼ばれる。フレッシュのタイムは、そのまま使うのはもちろんのこと、オイルやビネガーに漬け込んで香りを移せば、長く楽しむことができる。ローレル、パセリとともにブーケガルニには欠かせない材料のひとつ。

語源は「防腐」

タイムはギリシャ語で「防腐」という意味を持つ「チモン（thymon）」を語源とする。タイムの主成分のチモールは殺菌・防腐作用が強いことで知られている。

勇気と大胆さの象徴

古代ギリシャ時代にすでに調理用、薬用に使われていたタイムは、小さいながら気品のあるすがすがしい芳香を秘めていることから、人間の能力を高めるものと信じられ、「勇気」と「大胆さ」のシンボルだったといわれる。この時代の最高のほめ言葉は「あなたはタイムの香りがする！」だったとか。

タイムの人気品種

タイムはたくさんの品種があることで知られているが、なかでも料理、園芸で人気者として最も一般的な「コモンタイム」、爽やかな香りの「レモンタイム」、地面を這うように生長し、芝生の代わりに庭に植えるハーブとして知られる「クリーピングタイム」などがあげられる。

タラゴン

英 Tarragon

検定 1 2 級
中・上級者向き

別名	エストラゴン
科名	キク科
原産地	ロシア南部、西アジア
利用部位	葉

フランス料理に欠かせない甘さとインパクトのある風味

植物

日当たりのよい温暖な気候を好む。

※タラゴンの種類について
大きく分けてフレンチタラゴンとロシアンタラゴンの2種があり、一般的に料理に使われるのは風味のいいフレンチタラゴン。風味は劣るが丈夫で旺盛に育つのはロシアンタラゴン。

特徴・用途

アニスに似た甘さと、独特のインパクトがある爽やかな風味を持つハーブで、噛むと少し刺激的な味わいも感じる。卵、鶏肉、白身魚、乳製品、酢などと相性がよく、オムレツ、ローストチキン、ムニエル、バターソース、マリネ、ピクルスなどに使われる。特にフランス料理に使われることが多い。また数種類の生ハーブをみじん切りにして合わせるミックススパイス「フィーヌゼルブ」の材料として、チャイブ、チャービル、パセリとともに使われる。ハーブビネガーに使われる代表的なハーブでもある。

名前の由来

フランス名のエストラゴンは「小さな竜」という意味。これはタラゴンの根が「蛇がとぐろを巻いたような形だから」とも、タラゴンが「蛇の毒を消す薬草だと信じられていたから」ともいわれる。

フランス料理に欠かせない甘く爽やかな芳香

タラゴンは、西アジアからヨーロッパにかけて古くから重要なハーブのひとつとして使われてきた。13世紀頃から知られるようになったハーブで、実際に薬味として広く用いられるようになったのは16世紀以降のこと。その特徴のある芳香を生かす、フレッシュのタラゴンを漬けたタラゴンビネガーはビネガーの定番といわれている。

チャイブ

英 **Chives**

検定 1 2 級
中・上級者向き

別名	シブレット、西洋あさつき、えぞねぎ
科名	ヒガンバナ科
原産地	中央アジア、温帯地域
利用部位	花、葉

繊細でマイルドな香りで、あさつきに似た使い方が一般的

植物

葉は円筒状で細長く、約30cmの長さに生長。晩春に紫紅色のポンポン形の花を咲かせる。

特徴・用途

すらっと伸びた葉と繊細でマイルドな香りが特徴。日本のあさつきに似た使い方をする。小口切りにして、オムレツやポテトサラダ、ヴィシソワーズなどのスープに、またバター、チーズ、マヨネーズ、ヨーグルトなどに混ぜ込むなどして利用する。ソース、ドレッシングなどにも使われるが、香りが繊細なので加熱しすぎないこと。色の淡い料理に用いると緑の葉の彩りがアクセントになって、料理をよりおいしそうに引き立てる。またミックススパイスのフィーヌゼルブの材料としても利用される。花はサラダに用いたり、ハーブビネガーにすれば、ほんのりねぎの風味がするピンクのビネガーになる。

数あるねぎの中でもかわいらしい姿

チャイブはねぎの仲間の中でも、最も細くて小さな種類。ポンポン形の紫がかったピンクの花もかわいらしく、花は料理以外にも切り花として飾ったり、ドライフラワーにして楽しめる。

ガーリックチャイブって何？

「チャイブ」と同じネギ属の別種の植物に「ガーリックチャイブ」がある。葉が平らでにんにくに似た香りのガーリックチャイブは、じつは日本でもよく知られる「にら」のこと。西欧では「チャイニーズチャイブ」とも呼ばれる。

チャービル

英 Chervil

検定 1 2 級
中・上級者向き

別名	セルフィーユ、茴香芹（ういきょうぜり）
科名	セリ科
原産地	ヨーロッパ、西アジア
利用部位	葉

デザートの飾りにも人気。マイルドでほんのり甘いハーブ

植物

半日陰で水はけがよく、やや湿りけのある土壌を好む。高さ30〜60㎝に生長。

特徴・用途

やわらかで繊細な姿形と、マイルドでほんのり甘い香りを持つ。サラダやスープ、肉・魚料理、デザートなど幅広い料理の彩りとして使われる。刻んで料理の風味づけにも使うが、熱を加えすぎると繊細な香りがとんでしまうため、生のままドレッシングやソースに用いたり、料理の仕上げ段階で加えることが多い。
フランスで特に人気が高く、「美食家のパセリ」と呼ばれて多用されている。またミックススパイスのフィーヌゼルブの材料に欠かせない。

チャービル、パセリ、パクチー……なんだか似ている？

この3種類のハーブに共通するのはセリ科に属していること。セリ科のハーブは葉が細裂しているのが特徴で、なかでもこの3種類のハーブは、大きさは違えど特に似通った形をしている。判別の一番のポイントは、やはり香りの違いである。

デコレーションに人気

チャービルは近年、料理の彩りに添えるハーブとして人気が高まっており、ケーキやゼリー、ムースといったデザート類の飾りつけによく使われる。食欲と消化を助ける働きがあるといわれる。

ディル

英 Dill

検定 1 2 級
中・上級者向き

別名	いのんど、ジル、サワ
科名	セリ科
原産地	南ヨーロッパ、西アジア
利用部位	種子（植物学上は果実）、葉、茎

魚介のマリネなどによく合う。羽根のようにやわらかい葉と爽やかな香り

植物

耐寒性の丈夫な植物のため、世界各地で栽培できるが、水はけのよい温暖な地質を最も好む。高さ80～120cmに生長。青みを帯びた緑色の羽状の葉が特徴で、初夏に複散形花序をつける。

特徴・用途

【種子部分】
キャラウェイシードのような独特の爽やかな香りで、噛むとわずかに感じる刺激のある味わいが特徴。ピクルスの香りづけや、パン、菓子、またカレー粉の材料としても使われる。

【葉の部分】
羽のようなやわらかい葉と爽やかな香りが特徴。
「魚のハーブ」と呼ばれるほど魚介類と好相性。加熱しない魚料理に利用されることが多い（魚介のマリネなど）。サラダやスープなどにも広く利用される。また葉を刻んでソース（ヨーグルト、クリームチーズ、マヨネーズなどと合う）やドレッシングなどに用いれば、野菜や肉料理にも合う汎用性の高い調味料になる。ビネガーとの相性がとてもよく、種子同様にピクルス液の香りづけなどに使われる。ビネガーに漬け込むことでビネガーに香りが移り、長く楽しむことができる。

名前の由来

英語名のディル（Dill）は、古代ノルウェー語のジーラ（Dilla＝なだめる、和らげるの意）に由来している。ディルの種子の煎じ汁には鎮静作用があるとされ、胃腸の痛み止めや寝つきの悪い赤ん坊をなだめて眠らせるのに用いられていたためとか。

中世ヨーロッパでは魔術や医療に

古代ギリシャ・ローマの時代に栽培地域が広がり、中世ヨーロッパにおいては魔術師や魔女のまじないの材料として、また媚薬や医薬用として多用されていた。戦いで傷ついた騎士たちが、その傷口に焼いたディルシードを貼りつけて治療したという。

唐辛子

検定 1 2 3 級
初級者向き

英 Chili pepper

別名	チリペッパー、チリ、カイエンペッパー、鷹の爪
科名	ナス科
原産地	熱帯アメリカ
利用部位	果実、葉

驚くほどさまざまな種類がある。辛みを生かすスパイス

植物

非常に適応力の強い植物で、熱帯から温帯に至るまで、各地の気候・風土に順応して生育。色、形、大きさ、風味などが異なるさまざまな品種が生まれ、その数は3000種類に及ぶともいわれる。いずれの品種も、果実は滑らかでつやのある皮を持ち、内部の空洞に数十個の種子を含んでいる。

特徴・用途

世界中のさまざまな料理の辛みづけに用いられるスパイスで、炒めもの、焼きもの、漬けもの、煮込み料理、スープ、パスタ、ソースなどに幅広く使われる。七味唐辛子、チリパウダー、ガラムマサラ、カレー粉、チリソース、ラー油など唐辛子を使ったミックススパイスや加工品が世界各国で作られ、利用されている。

辛みの成分は?

唐辛子特有の辛みは「カプサイシン」という成分によるもの。その含有量は品種や産地によって大きく異なる。

世界中で使われるようになったのはいつ頃?

唐辛子は紀元前はアメリカ大陸固有のもので、それが世界中に広がるきっかけになったのは、15世紀末のコロンブスのアメリカ大陸発見だったといわれる。このときに、ヨーロッパに唐辛子の存在や料理法が紹介され、それからわずか数百年の間に世界中の食卓に欠かせないスパイスになった。

ポルトガルや朝鮮半島から日本に渡来

南米からヨーロッパに伝えられた唐辛子は、日本には16世紀末に豊臣秀吉が征韓の役を起こした際に、加藤清正が持ち帰ったという説、また16世紀半ばに種子島に漂着し、鉄砲を伝えたポルトガル船によってもたらされた、あるいは17世紀初めにタバコとともにポルトガルから伝わったなどの説がある。

Column

唐辛子の種類

【天鷹唐辛子】

約5cmの小ぶりなサイズ。ヒリヒリする辛みが強い。

【韓国産唐辛子】

辛みが少なく、甘み、酸味があるのが特徴。

【ハラペーニョ】

メキシコを代表するグリーンチリ(青唐辛子)で、とても辛い種類。

【ハバネロ】

激辛の唐辛子として有名。ベル形でフルーティな風味を持つ。

【プリッキーヌ】

トムヤムクンやグリーンカレーに使われる唐辛子。強烈な辛さと独特の風味を持つ。

世界の唐辛子ペースト（ソース）いろいろ

【柚子こしょう】日本
柚子と生の青唐辛子をすりつぶして混合し、適量の食塩を加えた九州地方特産の調味料。

【もみじおろし】日本
生の大根に箸などで穴をあけ、赤唐辛子（ホール）を差し込んでいっしょにすりおろしたもの。

【コチュジャン】韓国
唐辛子、そら豆ペースト、もち米などをブレンドして熟成させた、適度な辛みと甘み、コクが特徴の調味料。

【豆板醤（トウバンジャン）】中国
そら豆が原料の中国の発酵調味料のひとつで、唐辛子とともに発酵させるのが一般的。

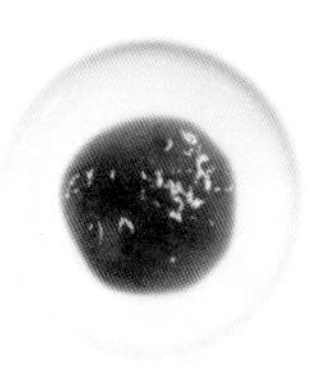

【サルサ】メキシコほか
トマト、唐辛子、パクチーなどを細かく刻んでミックスしたソース。配合はさまざま。

【サンバル】インドネシア
唐辛子、ガーリック、トマト、コリアンダー、食塩、カピ（小えびの塩辛）、酢などを合わせてペースト状にした調味料。配合は地方や家庭によって甘いものから辛いものまでさまざま。

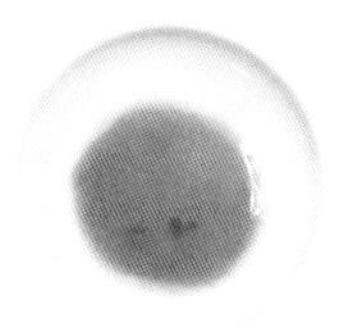

【ホットソース】中南米
唐辛子、酢、塩をすりつぶして熟成させたソース。米国マキルヘニー社のタバスコペッパーソース®が有名。

【ハリッサ（アリッサ）】北アフリカ
唐辛子、ガーリックや、クミン、キャラウェイ、コリアンダーといったシード系スパイスにオリーブ油を加えてペースト状にしたものが一般的。乾燥タイプもある。

ナツメッグ/メース

検定 1 2 3 級
初級者向き

英 **Nutmeg/Mace**

ナツメッグ
Nutmeg

メース
Mace

別名	にくずく(ナツメッグ)、にくずくか(メース)
科名	ニクズク科
原産地	モルッカ諸島
利用部位	種子の仁(ナツメッグ)、仮種皮(メース)

こしょう、クローブ、シナモンとともに世界4大スパイスと呼ばれる

植物

高さ20mほどに生長する熱帯性常緑樹。かたい多肉質の黄色球形の果実をつける(あんずに似た外観)。植えてから5～9年でようやく結実する。

種子…ナツメッグ(種子の仁)　　仮種皮…メース

※ナツメッグとメースについて
ナツメッグは種子の仁(乾燥させた種子の殻を取り除いた部分をさす)、メースは仮種皮の部分を乾燥させたもの(写真参照)。

特徴・用途

ナツメッグとメースは外観は異なるが、同じ植物の実から採取されるものなので、香味は似ている。
ナツメッグはひき肉などの肉類(ハンバーグ、ロールキャベツ、ミートソースなど)、乳製品を使った料理(クリームシチューやチーズフォンデュ、グラタンなど)、焼き菓子、野菜との相性が抜群。焼き菓子などに使う場合は熱を加えることで刺激性のある香りが弱まり、甘さが強調されるので、焼く前、煮込む前のタイミングで加えるとよい。
メースはナツメッグと似た使い方をするが、より繊細で甘い風味がするため、どちらかというと肉料理などよりも、菓子類やジャムなど甘いものの風味づけに使われることが多い。

世界4大スパイス

ナツメッグは、こしょう、クローブ、シナモンとともに世界で最も広く使われていることから、世界4大スパイスと呼ばれることがある。

ナツメッグを家畜と交換

昔のヨーロッパでは非常に高価なスパイスだったため、13世紀末のイギリスでは1ポンド(454g)のナツメッグで羊3頭、14世紀末のドイツでは1ポンドのナツメッグで7頭の牝牛を手に入れることができたとか。

バジル

英 **Basil**

検定 1 2 3 級
初級者向き

別名	めぼうき、バジリコ
科名	シソ科
原産地	インド
利用部位	葉および花穂、種子（バジルシード）

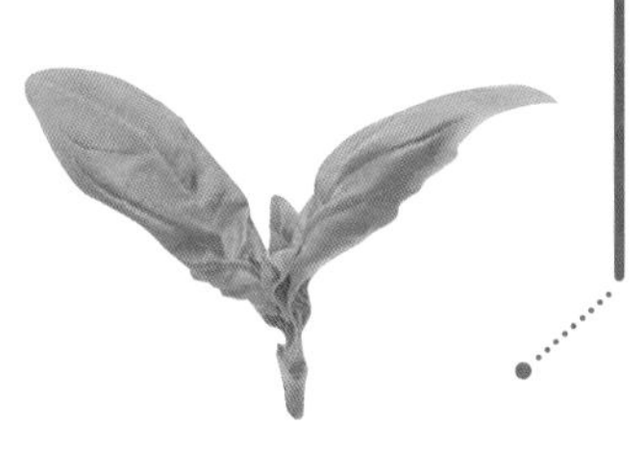

パスタやピザでおなじみの爽やかな香りの人気者

植 物

日当たりがよく、水はけのよい肥沃な土壌を好む。高さ30～60㎝に生長。非耐寒性。

特徴・用途

バジルには葉の形や色、香りが異なるさまざまな種類があり、各国でいろいろな料理に利用されている。単にバジルという場合はスィートバジル（写真）をさすのが一般的。甘く爽やかな香りが特徴。
特にトマトとの相性がよいことから、サラダ、スープ、パスタ、ピザに用いられる。またチーズやガーリックなどと合わせたり、卵、鶏肉、魚などの炒めもの、汁ものに使われるなど多岐にわたって利用される。生葉をオリーブ油やにんにく、松の実などと合わせてペースト状にしたもの（ジェノベーゼソースが有名）はパスタや肉・魚料理などに用いられ、人気のメニュー。

バジルの種子（バジルシード）は水分を含むとぷるんとしたゼリー状になるところから、ココナッツミルクなどと合わせてデザートに利用される。

バジルで目の掃除!?

バジルの和名は「めぼうき」というが、これは日本では昔、水にひたしてゼリー状になったバジルの種を使って、目に入ったごみをとっていたことに由来する。

Column

そのほかのバジル

【ホーリーバジル】
甘くてスパイシーな香り。苦みとアクがある。ややかための葉を持ち、タイ料理に欠かせない。

【シナモンバジル】
メキシコ生まれのバジル。その名のとおりシナモンの香りがする。ツヤツヤと光沢のある葉が特徴。

パセリ

英 Parsley

検定 1 2 3 級
初級者向き

別名	オランダ芹(ぜり)
科名	セリ科
原産地	地中海沿岸
利用部位	葉、茎

爽やかな香りと彩りで世界で愛されているハーブ

植物

日向または半日陰で保水力のある土壌を好む。高さ30〜60cmに生長。薄黄色の花を複散形花序につける。

特徴・用途

【モスカールドパセリ】

【イタリアンパセリ】

パセリには大きく分けて2種類ある。日本では一番ポピュラーな葉が縮れた「カールリーフ」と呼ばれるものと、葉が平らな「フラットリーフ」と呼ばれるもので、代表的なものにそれぞれ「モスカールドパセリ」「イタリアンパセリ」がある。風味は若干異なるが、同じように使える。世界中の多くの地域で利用されているハーブで、卵料理をはじめサラダ、スープ、ソースなどの薬味に、また肉・魚料理などさまざまな料理に添える飾り、彩りに使われる。パセリの茎はブーケガルニの材料としてもよく使われる。

口臭予防に

料理のつけ合わせとして添えられているパセリには特有の爽やかな香りがあり、この香りは口臭予防に効果的といわれている。彩りだけでなく食後の口直しにも役立つハーブといえる。

パセリの束を花輪にして香りを楽しむ

古代ギリシャ・ローマ時代にはすでに食用として利用されていたが、儀式のときなど華やかな席では、出席者が新鮮なパセリの束を花輪のように首にかけて楽しんだという。

パセリライスはいかが?

パセリは洋食などの彩りに添えられることの多いハーブだが、葉にはビタミンCが多く含まれているので、炊き上がったごはんに刻んだパセリの葉を混ぜ込むなどして食べるのもおすすめ。

バニラ

英 **Vanilla**

検定 1 2 級
中・上級者向き

別名	ワニラ
科名	ラン科
原産地	中央アメリカ
利用部位	果実(さや)

デザートづくりでもおなじみの甘くて香りの高いスパイス

植物

高さ10mにも達する常緑のつる性植物。さや状の果実を未熟な緑色のうちに採取してから、非常に手間のかかるキュアリングという工程（発酵と乾燥の繰り返し）により、黒い光沢と甘い独特のフレーバーが出る。

特徴・用途

芳醇で甘い香りが特徴。発酵して光沢の出た褐色のさやには、砂粒のような非常に細かい種子（ビーンズ）がびっしり詰まっていて、それをかき出して利用する（種の黒い色を料理に残さずに香りづけしたい場合には、さやのまま牛乳などの液体につけて温め、香りを移すとよい）。アイスクリームやババロアをはじめとするデザート菓子や各種クリーム、シロップなどの風味づけに世界中で広く使われている。

甘い香りの正体は?

バニラの香りの主成分は「バニリン」。

使い方のコツ

バニラは、長いさやの状態で売られているのが一般的で、使うときに必要な長さに切る。小さな黒い粒々の種を料理に加えるには、さやを縦に切り開き、種をナイフなどでしごくように取り出す。カスタードクリームなど牛乳を加熱する工程がある料理であれば、そのしごいた種といっしょにさやも入れて火にかけると、少量でも濃厚な香りを楽しむことができる。バニラビーンズを冷凍庫や冷蔵庫から取り出すと、表面に白い粉がついていて驚くことがあるが、これは成分のバニリンが低温で凝固したものなので心配ない。

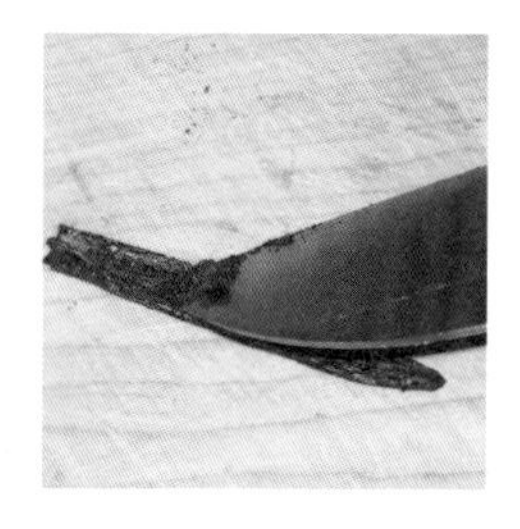

さやを縦に切り開いたら、包丁の先を使ってしごくようにして種を取り出す。

パプリカ

英 Paprika

検定 1 2 級
中・上級者向き

別名	ハンガリアンペッパー、スパニッシュペッパー、ピメントン、甘唐辛子
科名	ナス科
原産地	熱帯アメリカ
利用部位	果実（種子を除いた果肉部）

ハンガリー人に愛される真っ赤な彩りが鮮やかなスパイス

植物

日当たりと水はけのよい土壌を好む。

特徴・用途

世界中の国々で料理に赤い色づけを施すスパイスとして利用されている。特にハンガリー料理での利用が有名で、グラーシュという煮込み料理をはじめ、鶏肉やじゃがいも、米や野菜などさまざまな素材を使った料理に利用されている。パプリカに含まれる赤い色の色素成分は、油によく溶けるので、油といっしょに調理するとなじみやすく、きれいに色づけすることができる。

名前の由来

世界的にはパプリカ＝甘唐辛子というように認識されているが、そもそも「パプリカ」とは唐辛子全般をさすハンガリー語であるため、ハンガリー（とその近隣諸国）では必ずしも甘唐辛子というわけではない。色や香り、辛みが異なるいくつかの種類に区分されて、料理に応じて使い分けられている。

野菜売り場のパプリカと同じもの？

野菜売り場でよく目にする肉厚のパプリカと、スパイスの原料となるパプリカとでは品種が異なる。スパイスの原料となるパプリカは果肉が薄くて鮮やかに赤く色づき、乾燥しやすい品種のものである。

世界中で消費量がふえたきっかけは？

世界中のパプリカの消費量がふえるきっかけをつくったのは、ハンガリー人のスザント・ゲオルギー博士。彼はパプリカの果肉に柑橘類よりも多量のビタミンCが含まれていることを発見し、またビタミンCを分離することにも成功。この研究で1937年にノーベル賞を受賞している。パプリカが健康によいということが判明して以来、料理にとり入れられることが急速にふえ、消費量が増大していったのである。パプリカを使った料理で特に有名なのが「ハンガリアングラーシュ」という煮込み料理。ハンガリーのことわざに「名声を追い求める者、あるいは富を得ようと必死になっている者など、人はさまざまであるが、誰しもが間違いなく欲しているのはハンガリアングラーシュである」という一節がある。いかにハンガリー人に愛されているかがわかるエピソード。

フェンネル

英 **Fennel**

検定 1 2 級
中・上級者向き

別名	茴香、小茴香
科名	セリ科
原産地	地中海沿岸
利用部位	種子（植物学上は果実）、葉、茎

種子も葉も甘い香り 魚料理によく使われる

植物

日当たりと水はけのよい環境を好む。高さ1～2mに生長。黄色い小花を複散形花序につける。

特徴・用途

個性的な甘い香りが特徴のスパイス。ディルと同じように「魚のハーブ」と呼ばれ、葉、種子とともに魚料理のソース、生魚を使った料理など幅広く魚料理に使われる。甘い香りを生かして種子は焼き菓子やハーブティーなどにも利用される。また中国のミックススパイスの五香粉やカレー粉の原料に使われることがある。

インドでは口臭消しに

フェンネルの種子には消化を助け、口臭を消す効果があるとして、インドでは食後に口直しとして噛む習慣がある。

名前の由来

英語名のフェンネルはラテン語のフェヌム（Foenum＝枯れ草）に由来する。茎が黄緑で枯れたように見えることから。またスターアニスを大茴香と呼ぶのに対して、フェンネルは小茴香ともいう。

Column

株のまま売られているフェンネル

最近は野菜売り場などでも「フローレンスフェンネル」が、株のまま販売されるようになってきている。フローレンスフェンネルはフェンネルの種類の中で主に食用に使われる種類のもので、根元から葉まで利用できる。肥大した株元はサラダ、スープ煮、クリームソースがけ、煮込み料理などに野菜感覚で利用される。

ホースラディッシュ

英 **Horseradish**

検定 1 2 級
中・上級者向き

別名	西洋わさび、わさび大根、レホール
科名	アブラナ科
原産地	諸説あるが東ヨーロッパ説が有力
利用部位	根

ツーンと鼻に抜ける辛みと爽やかな香り。ローストビーフに欠かせない

植物

冷涼で肥沃な土壌を好み、夏は日陰が適している。根は白で直根状に肥大しており、大きいもので長さ30cmにもなる。先端が枝分かれし、細くなっているのも特徴。

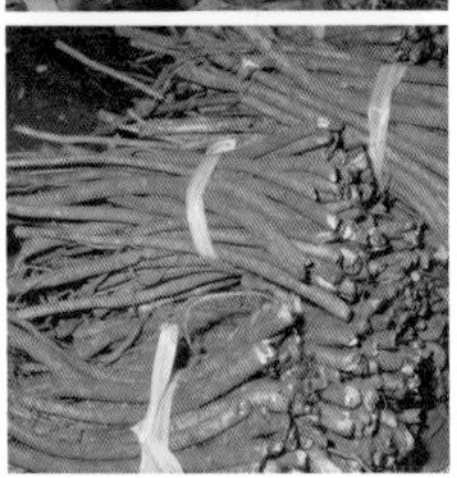

特徴・用途

ツーンと鼻に抜ける辛みと爽やかな香りが特徴。根をすりおろしてそのまま料理に添えたり、果汁やクリーム、酢などと合わせて調味ソースやドレッシングにして用いる。特に肉料理と相性がよく、ローストビーフ、ステーキ、焼肉、ソーセージなどに幅広く用いられる（そのまま添えたり、ソースにするなど）。日本ではチューブ入りわさびや粉わさびといった商品の原料にも利用されている。

北海道に自生

ホースラディッシュは、日本にはアメリカから伝わってきた。渡来後、北海道で栽培されたものの、あまり普及することなく野生化した。川沿いの湿地などに自生し、道内でよく見かけることから「アイヌわさび」とも呼ばれる。

中世までは薬として

ドイツを除くヨーロッパでは、中世までこのスパイスを興奮剤、利尿剤、防腐剤、消化助剤などに用いてきたといわれる。その一方でドイツを中心に食用としての用途も急速に広まることに。中世のドイツで盛んにスパイスとして使われてきたことから、フランス人はホースラディッシュを「ドイツ人のからし」と呼んでいるほど。

マジョラム

英 Marjoram

検定 1 2 級

中・上級者向き

別名	マヨラナ、花薄荷（はなはっか）
科名	シソ科
原産地	地中海東部沿岸
利用部位	葉および花穂

肉や魚などにおいが強い素材の臭み消しに活躍する

植物

日当たりがよく、肥沃で軽い土壌を好む。20～60cmに生長。

特徴・用途

マジョラムはオレガノと似た香りを持つが、より甘くて繊細な香り。ヨーロッパ各地で広く使われているハーブのひとつで、野菜や豆類と相性がよく、スープ、シチュー、ソースなどに用いられることが多い。羊肉、魚、レバーといったにおいの強い食材の臭み消しのために、下ごしらえの段階で用いられることも。

幸福のシンボル

古代ギリシャ・ローマ時代、マジョラムは幸福のシンボルとして、幸せな新婚夫婦にかぶせる冠として用いられた。また墓の上にマジョラムが生えると、その死者が永遠の至福を謳歌している証と信じられていたそう。

マスタード

英 Mustard

検定 1 2 3 級

初級者向き

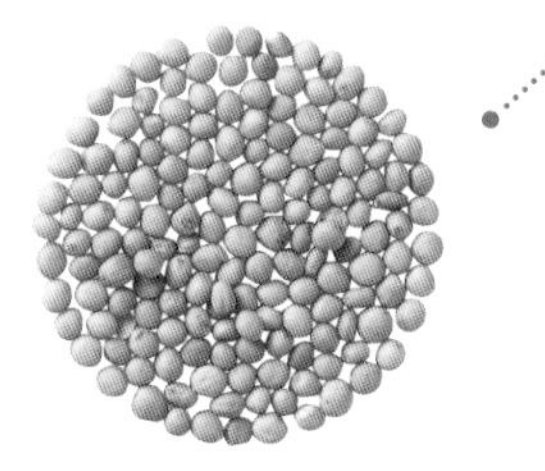

別名	からし
科名	アブラナ科
原産地	地中海沿岸（白からし）、インド、中国、ヨーロッパ（和がらし）、中近東（黒からし）
利用部位	種子、葉

独特の風味と辛味を持つ昔からおなじみのスパイス

植物

日当たりがよくて肥沃な土壌を好む。高さ1～1.5mに生長。直立した茎にギザギザの切り込みのある葉を互生させる。

※マスタードの種類について
マスタードは大きく分けて白からし、和がらし、黒からしの3種類がある。それぞれ形状、辛み成分は異なる。

マスタード Mustard

特徴・用途

種子は独特の風味と辛みを持っており、ホール、パウダー、ペーストといったさまざまな形態で、煮もの、炒めもの、焼きものなど幅広い料理に使われる。
ホールはスタータースパイスとしてインドで多用され、特に野菜料理に使われる。欧米ではピクルスの風味づけなどに使われる。パウダーは水などを加えてねり、ペースト状にしてから各種料理に利用される場合が多い。日本ではパウダーのまま漬けものや汁ものの風味づけに使われる。
チューブやびんに入ったペースト状の製品は、世界中で広く利用されている形態で、原料となるマスタードの種類の違いや、風味の違いによりさまざまなタイプが使い分けられている。

> ※日本では「和風ねりからし」「ねりからし」「マスタード」の3タイプに大別される。
> ・和風ねりからし…原料には主に和がらしが使用され、ツーンと鼻に抜けるような辛みが強い。おでん、からしあえなど和風料理に。
> ・ねりからし…原料には和がらしと白からしがバランスよく使用され、シューマイやとんかつなどに幅広く用いられる。
> ・マスタード…原料には主に白からしが使われ、酢やそのほかの香辛料、調味料が加えられている場合が多い。マイルドな味でホットドッグやサンドイッチ、ソーセージ、ローストビーフなどの洋風料理によく合う。

マスタードの葉は、漬けもの、おひたし、炒めもの、鍋もの、料理のつけ合わせ、サラダなどに幅広く使われる。さまざまな品種があるが、どれもピリッとした辛みと爽やかなあと味を持つ。

種類別の辛みの違い

マスタードのうち和がらし、黒からしの成分「アリル芥子油」は揮発性のあるツーンとする辛み。白からしの成分「ベンジル芥子油」は揮発性が弱く、口に広がるマイルドな辛みが特徴。

粉からしを溶くときはぬるま湯で

粉からしを溶くにはぬるま湯が最適。これは辛みを発生させるときに働く酵素（ミロシナーゼ）が40度前後で最も活性化するため。

ドレッシングに加えるのは？

マスタードには、水と油などの2つの分離する液体を細かく分散させた形で混ぜ合わせる「乳化」を助ける働きがあるため、ドレッシングを作るときに加えると分離しにくくなり、風味もよくなる。

食用油の原料に

マスタードの種子は多くの油分を含むことから、食用油の原料としても利用されている。

ミント

英 **Mint**

検定 1 2 3 級
初級者向き

別名	薄荷（はっか）
科名	シソ科
原産地	ヨーロッパ、アジア
利用部位	葉および花穂

料理からデザート、歯磨き粉まで幅広く利用されている働き者

植 物

日向か半日陰で、やや湿りけのある土壌を好む。高さ30〜50cmに生長。

※ミントは交雑しやすく雑種がふえやすいため、数多くの種類が存在するが、代表的な品種としてはペパーミント、スペアミントが挙げられる。
<ペパーミント>ウォーターミントとスペアミントの交配種で、メントールを主とするクールな香り。
<スペアミント>穏やかで清涼感の中に甘みのある風味。

特徴・用途

ミントにはさまざまな種類があるが、共通してスッとした爽やかな香りを持つ。飴やガム、アイスクリームなどの菓子やゼリーなどデザートの香りづけ、飾りつけに用いられる。またモヒートなどのカクテルやハーブティーなどドリンク類にもよく使われる。肉や魚、野菜などのさまざまな料理にも、臭み消しや清涼感を与えるために使われる。詰めもの料理やサラダ、ドレッシング、ソースなどにも。料理以外でも胃腸薬、鎮咳剤、風邪薬、歯磨き粉、タバコ、ルームスプレー、洗剤などに幅広く使われている。

名前の由来

ミントの名は、ギリシャ神話に登場する美しい妖精ミンテにちなんだもの。その美しさから冥界の王ハデスの心をとらえ、それに嫉妬した王の妻ペルセポネによって「物言わぬ草」に姿を変えられたという。この神話上のミンテの化身ではないかと思われる草を「ミント」と呼ぶようになったとか。

氷に閉じ込める

製氷皿に水を入れるときに、ミントの葉を加えてきれいな氷に。好みのアイスティーなどに入れて香りを楽しんで。

ルッコラ

英 **Rocket**

検定 1 2 級
中・上級者向き

別名	ロケット、アルグラ、きばなすずしろ
科名	アブラナ科
原産地	地中海沿岸、西アジア
利用部位	地上部

ごまに似た香りで親しみやすいイタリア料理の定番ハーブ

植物

日当たりと水はけがよい場所を好むが、日ざしが強すぎると葉がかたくなり、苦みが出る。80cm程度に生長。クリーム色の花を咲かせる。

特徴・用途

ルッコラの葉は噛むとごまに似た香りがし、クレソンのような若干の辛みも持つ。特にイタリア料理で多用されるハーブで、生ハムやチーズ（特にパルミジャーノレッジャーノ）、トマトと組み合わせることが多い。サラダやピザ、パスタなどに使われるが、おひたしやみそ汁の具に使われることも。花もごまに似た香りがし、食用としてあえもの、汁ものなどに利用可能。

古代から多用されたハーブ

コリアンダーやスィートバジルなどとともに、古代ギリシャ・ローマ時代から利用されてきたハーブ。生食で、またスープなどに入れて食されたそう。

ルッコラセルバチカ（セルバチコ）って何？

イタリア料理店のメニューでセルバチコという食材名を目にすることがあるが、これはルッコラの原種といわれる品種で、「ルッコラセルバチカ」とも呼ばれ、イタリア料理に欠かせないハーブ。通常のルッコラよりも葉の切り込みが大きく、辛み、ごまに似た香りがより強いのが特徴。

レモングラス

英 **Lemongrass**

検定 1 2 級
中・上級者向き

別名	レモンガヤ、レモンソウ、タクライ、セイラ
科名	イネ科
原産地	インド、熱帯アジア
利用部位	地上部

レモンのような香りが爽やか。エスニック料理からハーブティーまで

植物

熱帯植物のため冬の寒さに弱く、暖かく湿りけのある土壌を好む。ススキのような葉が80～120cmに生長。

特徴・用途

爽やかなレモンのような香りが特徴。特に東南アジアで広く利用されており、スープや炒めものなどの風味づけに使われている。代表的な料理に、辛みと酸味のあるタイのトムヤムクンがある。日本ではハーブティーも人気があり、ポプリやサシェの材料としても利用されている。

使い方のコツ

レモングラスの香りは、葉に傷をつけて初めて爽やかなレモンのような香りを強く漂わせる。使用の際には、はさみで刻んだり、手でもんだりして香りを出しやすくしてから利用するとよい。

茎まで楽しもう

ベトナムやタイなど東南アジア諸国では、葉だけではなく、かたく締まった繊維質の茎部分もさまざまな料理に利用する。やはり小口切りにしたり、長い茎のまま縦に切り目を入れてたたきつぶすようにし、香りを出してから使う。

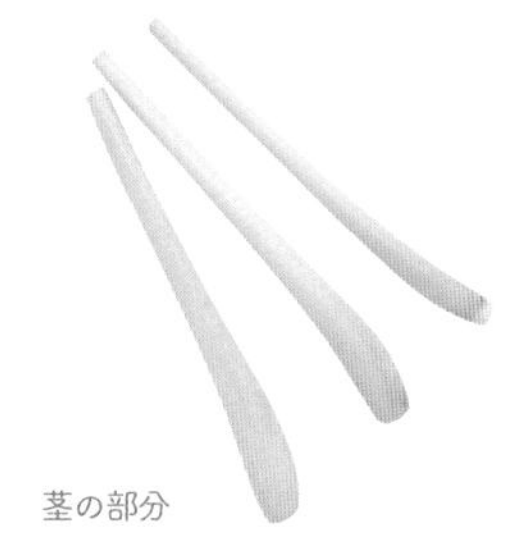

茎の部分

ローズマリー

英 **Rosemary**

検定 1 2 3 級
初級者向き

別名	まんねんろう
科名	シソ科
原産地	地中海沿岸
利用部位	葉および花穂

頭がすっきりする独特の香り。中世では化粧水などに使われた

植物

温暖で日当たりのよい、乾燥した土壌を好む。高さ20cm～2mに生長。

特徴・用途

スキッとした独特の強い香りを持つローズマリーは、ラム（子羊）、豚肉、青魚などクセの強い素材の臭み消しとして利用される一方で、鶏肉、白身魚、じゃがいもなど淡泊な素材の風味づけに用いられたりする。生のローズマリーは、そのまま使うのはもちろんのこと、オイルやビネガーに漬け込んで香りを移せば長くその香りを楽しめる。フォカッチャ（イタリアのパン）やスコーン、ケーキ、マフィン、ハーブティーなどの風味づけに幅広く活躍するハーブ。

頭脳を明晰に!?

古代ギリシャではローズマリーの香りは頭脳を明晰にするとされ、学生たちは勉強する際に、記憶定着のためにローズマリーを身につけたといわれる。

マリア様のバラ

聖母マリアが青いマントを香りのよいハーブの茂みにかぶせたところ、翌朝、白かった花がマントと同じ青に変わっていたという伝説があり、英名の由来とする俗説がある。この説によれば、マリアを象徴する花がバラであることから、このハーブを「ローズ・オブ・マリー（マリア様のバラ）＝ローズマリー」と呼ぶようになったという。

Column

ローズマリーの種類

ローズマリーはその育ち方によって、3種類に分けられる。

立性／茎がまっすぐ伸びて、大きいものは2mくらいになる。2年目くらいから木質化し、生長は遅め。大きめでかたい葉をつける。

ほふく性／茎が横に広がっていき、生長は早め。小さめでやわらかい葉をつける。

半立性／茎の伸び方は立性とほふく性の間くらい。高さ30～80cmに生長。3種類の中で一番香りがよく、料理に向いているといわれる。

【立性】

【ほふく性】

【半立性】

ローレル

英 西 **Laurel**

検定 1 2 3 級
初級者向き

別名	月桂樹、ベイリーブス、ローリエ
科名	クスノキ科
原産地	西アジア、ヨーロッパ南部
利用部位	葉

オリンピックなどスポーツで勝者に与えられる栄光のシンボル

植物

多年性常緑樹で、一般的な品種は10mほどの高さに生長。

> ※ローレルの種類について
> 月桂樹（和名）、ベイリーブス（英名）、ローリエ（仏名）、ローレル（スペインまたは英名）とさまざまな呼び方をされるが、一般的にはどれも同じものをさす。ただし商業的にはアメリカ産をベイリーブス、地中海産をローレル（ローリエ）として区分することも。

地中海沿岸、ヨーロッパ産は葉が丸みを帯びて、すがすがしいやわらかな芳香と若干の苦みが特徴で、煮込み料理に合う。対してアメリカ産は細長い葉ですがすがしさが強く、苦みが多少きいているので、強い香りをつけたい場合や、加熱しないマリネなどに適する。

ヨーロッパ産

アメリカ産

特徴・用途

肉類や魚介類の生臭さを和らげ、爽やかで上品な香りに仕上げるのに効果的なハーブ。ホールタイプのものは、カレー、シチューなどの煮込み、ピクルス、マリネなどに。パウダータイプのものは少量でも香りが強いため、レバーパテといった内臓料理のように臭みの強いものと組み合わせることが多い。ローレルの爽やかな風味は菓子類にも使われるが、特にプリンやパンプディングといった乳製品使用のものと好相性。

使い方のコツ

ホールのローレルを使うときにはちぎって切り目を入れたり、軽くもんでから加えると香りが出やすい。長時間煮込むと苦みが出てくるので、1時間ほどで取り出すとよい。

栄光のシンボル

古代オリンピックの時代から、勝利者の頭にかぶせられ、栄光のシンボルとされていた。今でも各種スポーツの勝者に与えられたり、優勝旗、杯、楯などのデザインに使われている。

わさび

英 **Wasabi**

検定 1 2 3 級
初級者向き

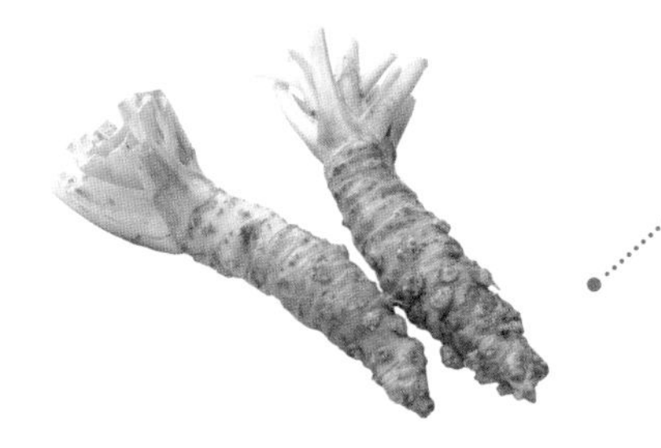

別名	山葵（わさび）、日本わさび、沢わさび
科名	アブラナ科
原産地	東アジア
利用部位	根茎、葉、茎

細かくすりつぶすほど爽やかな辛みが生きてくる

植物

環境に敏感なため、栽培が難しいとされている植物のひとつ。特に暑さや直射日光、また寒さにも弱い。年間の平均気温が12～15度前後の地域が栽培に適する。

※広く流通しているチューブ入りや小袋入りのわさび製品の原料には、わさびのほか近縁種の西洋わさび（ホースラディッシュ）も利用されることがある。

特徴・用途

根茎の部分はすりおろして、刺し身、寿司、そばなどの薬味として使われるほか、近年はあえものや肉料理のソース、ドレッシングなど活用の場面が拡大している。わさびの辛み成分が揮発性である（加熱すると辛みがとぶ）点を利用して、ホイル焼きやソテー、煮ものなどに、加熱前の段階で加えて辛みをとばし、風味だけを楽しむといった使い方もされる（わさびトーストなど）。葉はゆでて、おひたしや酢のものなどにして食べても。

辛みの正体は？

わさびのツーンと鼻に抜けるような辛みは、和がらしやホースラディッシュと同様にアリル芥子油という成分によるもの。わさびをすりおろすなどして細胞が壊されたときに、細胞中の辛みのもと“シニグリン”に水と酵素ミロシナーゼが作用して生み出される。さめの皮のおろし器などで細かくすりつぶすほど、この酵素がよく働いて辛みが増す。本わさびはすりおろして1～3分で香り、辛みのピークに達する。

わさびの抗菌作用

前出のアリル芥子油には抗菌作用があるため、食中毒防止に効果があるとされており、この成分だけを取り出して、お弁当のシートやエアコンの抗菌に使用される例もある。

※わさびでパンのカビ予防実験

写真左：パンをポリ袋に入れ、2週間おいたもの。
右：パンをチューブ入りわさびを塗布したポリ袋に入れ、2週間おいたもの。

比較結果は写真のように。わさびにはカビを防止する効果が期待できることがわかる。

ミックススパイス

五香粉(ウーシャンフェン)

英 Chinese five spices

検定 1 2 級
中・上級者向き

中国料理によく使われる代表的なミックススパイス

特徴・用途

中国を代表するミックススパイス。五香粉の配合は一般的に山椒（花椒）、クローブ、シナモン（またはカシア）の3種類と、スターアニス、フェンネル、陳皮（みかんの皮を乾燥させたもの）のうちの2種類、計5種類のスパイスの粉末が混合されることが多い。独特の芳香があり、料理に中国風の風味をつけるのに重宝する。肉や魚、野菜などいろいろな素材の料理に幅広く使うことができる（ギョーザの具に混ぜる、スープにひと振りする、から揚げや焼き鳥にかけるなど）。

こんな使い方も

五香粉と塩を混ぜて、天ぷらやから揚げなどのつけ塩に使うのもおすすめ。

エルブドプロバンス

仏 Herbes de Provence

検定 1 2 級
中・上級者向き

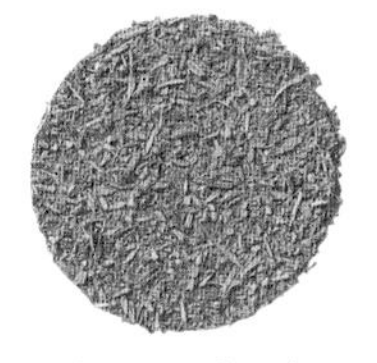

ローズマリー、タイム、オレガノなど個性のある香りをミックス

特徴・用途

南フランス地方でとれるハーブ数種類をミックスしたもので、ローズマリーやタイム、オレガノなど香りに特徴のあるハーブを組み合わせている。ドライハーブをミックスしているのが一般的だが、フレッシュを束ねたものもあり、その仕様、利用法はさまざま。数種類のハーブがミックスされているため、エルブドプロバンスだけで手軽に奥行きのある香りづけをすることができる。肉や魚、野菜、卵など幅広い素材と相性がよく、シチュー、スープといった煮込み料理や、香草焼きなどに使われる。特にブイヤベースなど魚介類のスープや、肉・魚のロースト、バーベキューの下味など、じっくりと時間をかけて加熱する料理に使われることが多い。

南仏料理の代表的な香り

南仏プロバンス地方ではいろいろなハーブが自生しているが、家庭の庭先でも栽培され、ちょっと摘み取って料理に使われることが多い。

名前の由来

フランス語で「プロバンス地方（南仏）のハーブ」という意味。

ガラムマサラ

印 **Garam masala**

検定 1 2 3 級
初級者向き

インドの家庭料理に欠かせないミックススパイス

特徴・用途

何種類かのスパイスを独自の処方でミックスした、インドを代表するミックススパイス。通常3～10種類のスパイスを配合して作る。配合の決まりはないが、主としてブラックペッパー、チリペッパー、カルダモン、クミン、シナモン、クローブ、ナツメッグなどが用いられる。インドでは料理の仕上げに香りや辛みを高める目的で使うのが一般的。日本では、各種料理を手軽にインド風にできるミックススパイスとして、カレーをはじめとする料理の仕上げに、また肉や野菜の炒めもの、煮もの、焼きものなどの下ごしらえや、調理段階で幅広く使われている。

ガラムマサラの意味は？

ヒンディー語でガラム（garam）は「温かい、熱い」、マサラ（masala）は「（混合）スパイス」という意味。しばしば「ヒリヒリと辛い混合スパイス」と訳されることがあるが、この「温かい、熱い」からきていると思われる。

インドの家庭の常備品

ガラムマサラはインドでは何日分かを作りおいて常備するのが一般的。商品化もされているが、ふつうは家庭ごとに独自の処方で配合されるため、じつにバラエティに富んでいる。肉用、魚用、野菜用など料理によって作り替えたりもする。

カレー粉との違いは？

似たようなスパイスがブレンドされているガラムマサラとカレー粉。違いはガラムマサラがインド発祥、カレー粉はイギリス発祥。したがってインドではカレー粉はあまり使われない。また色づけのためカレー粉にはターメリックが使われるが、ガラムマサラには入らないことが多い。

インドの露店に並ぶシナモン、カルダモン、スターアニス、こしょう、にんにくなどのスパイス。これらを使って家庭ごとにミックスされる。

カレー粉

英 Curry powder

検定 1 2 3 級
初級者向き

素材を選ばない
使い勝手のよさ。炒めもの、
煮ものなどの風味づけにも

特徴・用途

日本で市販されているカレー粉には通常20〜30種類のスパイスが使われている。カレーを市販のルウを使わずに作るときに使ったり、でき上がったカレーの仕上げに振って香りを高めたりするのに効果的。カレー以外にも、炒めもの、揚げもの、煮ものなどさまざまな料理の風味づけに使われる。素材を選ばずにほとんどのものと好相性なので、いつものメニューの味つけを変えたいときなどにも気軽に試せる（肉じゃがをカレー味になど）。

インドにカレー粉はない!?

数千年の歴史を誇るインドのカレー料理は、家庭で常備している何十種類のスパイス&ハーブの中からその日の素材や家族の好みに合わせて5〜10数種類を組み合わせて作られる。しかも「カレー」と称する料理はなく、素材やスパイスの組み合わせの違い、調理法の違いなどでそれぞれ固有の料理名がつけられている。これら何百種類もの辛くてスパイシーな料理を、欧米や日本では総称してカレーと呼んでいるのである。

カレー粉はイギリス生まれ

18世紀後半、インドに赴任していた東インド会社の社員が、イギリスにカレー料理を持ち帰り、西洋の食文化と融合して小麦粉でとろみをつけるという手法が用いられるようになった。さらにあらかじめ複数のスパイスが調合された「カレー粉」を用いるという独自のスタイルが生み出された。このイギリス式のカレーが伝わってきた日本でも、カレー粉はカレーづくりに欠かせない大切な存在となった。

Column

オリジナルのカレー粉を作ろう！

いろいろなスパイスやハーブをブレンドして、オリジナルのカレー粉を作るのも楽しい。決まりごとはないが、カレー粉によく使われる代表的なスパイス&ハーブ12種類と、そのレシピをご紹介。

材料（カレー4人分）
※スパイスはすべてパウダー

チリペッパー、クローブ、ローレル、オールスパイス…各小さじ¼
ジンジャー、ブラックペッパー、シナモン、クミン、コリアンダー…各小さじ½
カルダモン…小さじ⅓
ガーリック…小さじ1
ターメリック…大さじ1

作り方

❶ スパイスを分量どおりに用意する。
❷ フライパンにスパイスを入れ、弱火にかける。
❸ スパイスを焦がさないように注意しながら煎る。
❹ 香り高いカレー粉のでき上がり。

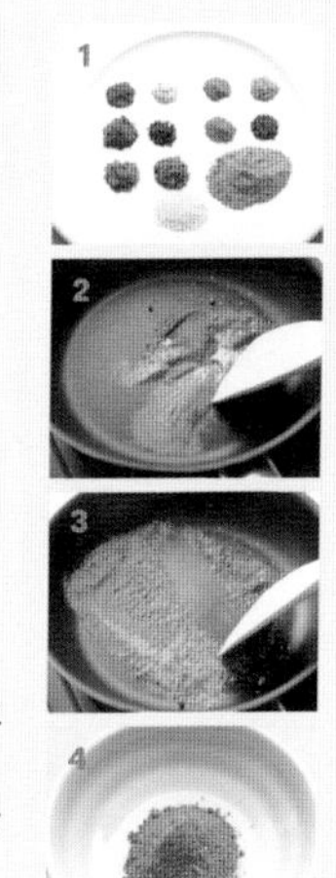

七味唐辛子

英 –

江戸時代の日本発。辛さと風味のよさで大人気

特徴・用途

唐辛子、山椒、陳皮、青のり、ごま、麻の実、けしの実など主に7種類のスパイスを混ぜ合わせて作られる、日本を代表するスパイス。鍋ものや汁もの、焼きもの、漬けもの、そば、うどんなどさまざまな和風料理に手軽に振りかける、食卓のスパイスとして定着している。
大根おろしに加えた七味おろしを焼き魚や豆腐料理の薬味に、またマヨネーズやみそと混ぜて万能ソースにし、野菜スティック、ゆで野菜、あえものなどに用いる使い方もポピュラーに。

七味の配合の基本

「二辛五香（にしんごこう）」といって、辛さに特徴のあるものを2種類、香りを重視したものを5種類という意味。

七味唐辛子の発祥は?

江戸時代の初期（寛永2年・1625年）に、からしや徳右衛門が、江戸の薬研堀（現在の東日本橋）に店を構えて売り出したのが最初とされている。もともとは漢方薬の調合がヒントになったといわれている。

原料は全国共通?

江戸で生まれた七味唐辛子は、その後、全国に広まるが、その土地の歴史や風土によって配合の内容も多種多様に。共通するのは唐辛子、山椒、ごま、麻の実くらいで、そのほかはけしの実、青のり、陳皮、しょうがの粉、しその実など、各地の料理の特色や風土に合わせて配合されている。

Column

こんな使い方はいかが?

七味おむすび

ごはんに七味唐辛子と塩少々を混ぜてにぎる。香りがよくピリッとした辛みで食欲がわく一品に。
量の目安（おむすび2個分）
ごはん…200g、七味唐辛子…小さじ1/6、塩…小さじ1/8

チリパウダー

英 **Chili powder**

検定 1 2 級
中・上級者向き

メキシコ風料理でよく使われる
唐辛子ベースのミックススパイス

特徴・用途

オレガノ、クミン、ガーリック、パプリカなどのスパイスを数種類配合して作られる。いわば七味唐辛子の洋風版で、やや赤みをおびたチョコレート色をしている。アメリカにおいてメキシコ風の料理（テクス・メクス料理）を作るのによく用いられる。代表的なものに豆、たまねぎ、肉などを煮込んだチリコンカンがある。簡単にメキシコ風の風味をつけられるので、タコスやチリビーンズなどにもよく使われる。メキシコ料理のほかにも、さまざまな材料と相性がいいので、肉や野菜などの炒めもの、煮込み料理、フライドチキン、ピラフなどいつもの料理の味変えにも便利。

□ チリペッパーとは違うの？

チリパウダーとチリペッパーは混同されがちだが、チリパウダーは唐辛子をベースにクミンやオレガノなどを混ぜたミックススパイスのこと。チリペッパーは唐辛子のことをさす。
※ただし、単にチリペッパーの微粉末だけを火であぶったものがチリパウダーと呼ばれることもある。

【チリパウダー】
唐辛子以外にも複数のスパイスをミックス

【チリペッパー】
唐辛子

その他のプロ級スパイス&ハーブ

麻の実

別名	ヘンプシード
科名	クワ科
利用部位	種子

特徴・用途 いなり寿司やけんちん汁に用いられ、カリッとした食感を楽しむスパイスとして知られている。また、種から搾った油（麻の実油＝ヘンプオイル）は、食用のほか、ヘアケアやスキンケアにも用いられる。

ノート 七味唐辛子に欠かせないスパイスのひとつ。また、古代中国では五穀のひとつにあげられた。

アサフェティダ

別名	ヒング
科名	セリ科
利用部位	根茎

特徴・用途 ときに「悪臭」とまでいわれるほど強烈な香りを持つが、油で加熱すると嫌なにおいを感じなくなる。
特に多用するインドでは、豆料理や野菜料理に玉ねぎに似たコクとうまみを与えるためにスタータースパイスとして用いるほか、漬けもの（アチャール）の香りづけなどにも利用する。

ノート 開花直前、根茎に切り込みを入れると乳白色の汁が滲出するので、それを採取し、固化したものをすりつぶして粉状にしたものをスパイスとして利用。「ヒング」はインド名。
※香りがかなり強烈なので、保存の際は必ず密閉できる容器を使用する。

アジョワン

科名	セリ科
利用部位	種子

特徴・用途 タイムに似た香りを持ち（主成分は同じチモール）、インド料理に広く使われるスパイス。ナンやチャパティに、また豆や魚料理、そのほかカレー、ソース類などに幅広く利用される。

ノート 食用以外にも防腐剤、消毒薬にされるほか、生薬として漢方の処方にも用いられている。

カフェライム

別名	こぶみかんの葉、マックルー、バイマックルー
科名	ミカン科
利用部位	葉

特徴・用途 すっきりとした爽やかな柑橘系の香りが特徴で、主に葉を料理の風味づけに用いる。東南アジア、特にタイやカンボジアでは、スープやサラダ、揚げものなどさまざまな料理に使われる。生の葉は、そのまま、またはかたい筋をとって細かく刻んで利用する。

ノート カフェライムの果実は苦みがあるが、果皮には強い香りがあり、すりおろしてタイ風カレーやスープなどの料理に風味を添えるのに使用される。「マックルー」はタイ名。葉をさす場合は「バイマックルー」という。

ガランガル

別名	カー
科名	ショウガ科
利用部位	根茎

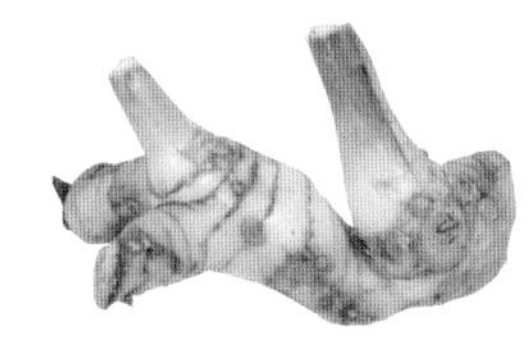

特徴・用途 ジンジャーに似た爽やかな香りとピリッとした刺激が特徴で、東南アジアやインドではカレー、スープ、煮込み料理、ソースなどに使われる。

ノート ガランガルには小ガランガル、大ガランガルの２種類があり、小ガランガルのほうが辛みが強いのが特徴。「カー」はタイ名。

カレーリーフ

別名	カリーパッタ
科名	ミカン科
利用部位	葉

特徴・用途 葉には特有の芳しい香りとほのかなスパイシーさがあり、南インドやスリランカではカレーなどの香りづけに使われる（煮込み過程で加える、カレー用ペーストの材料に使うなど）。カレー以外では、炒めものやピクルス、魚介の酢漬けなどに使われることも。

ノート 葉がよく茂るので、生垣にも利用されている。「カリーパッタ」はインド名。和名は「ナンヨウザンショウ」。

かんぞう

別名	リコリス、リカリス
科名	マメ科
利用部位	根、走根

特徴・用途 甘み成分（グリチルリチン）を含む。砂糖の数十倍といわれる甘みを利用し、キャンディや飲料などのほか、漬けもの、佃煮、塩辛、カレー粉の原料に使われることも。

ノート 漢字で「甘草」と書き、漢方薬の原料として風邪薬の成分にも使われる。また、タバコの風味づけにも使われることがある。

クベバ

科名	コショウ科
利用部位	果実

特徴・用途 刺激的な香りで、辛みや苦みも持つスパイス。食用としては、北アフリカやインドネシアなど限られた地域で利用されており、肉や野菜、米、魚料理の香りづけ、臭み消しなどに使われる。

ノート しっぽのようにも見える短い茎をつけた、緑色の未熟な果実を摘み取り、天日乾燥する。中国では古くから薬用として利用されてきた。

グレインズオブパラダイス

科名	ショウガ科
利用部位	種子

特徴・用途 カルダモンに似た爽やかな香りとこしょうに似た辛みを持つ。西アフリカ地域で各種料理（ラムや野菜など）に多用される。
果実酒などのアルコール飲料の香りづけにも。

ノート モロッコの「ラセラヌー」やチュニジアの「カラダッカ」と呼ばれるミックススパイスの原料に使われる。

クレソン

別名	ウォータークレス
科名	アブラナ科
利用部位	葉、茎

特徴・用途 爽やかな香りとピリッとした辛みが特徴。肉・魚料理のつけ合わせや、サラダなどに利用するほか、細かく刻んで各種ソースやドレッシングに使われることもある。さっとゆでてごまあえやおひたしにしても。

ノート 英名は「ウォータークレス」といい、その名が示すように水辺に群生する。

ケイパー

別名	風鳥木（ふうちょうぼく）
科名	コショウ科
利用部位	蕾（つぼみ）

特徴・用途 酢漬け、塩漬け、油漬けしたものを肉や魚料理の薬味に用いたり、刻んでソースやドレッシングの風味づけに利用する。特に、スモークサーモンの薬味や、タルタルソースへの利用でよく知られている。

ノート スパイスとして利用するのは、やや角ばった小さな蕾の部分。乾燥すると香りが悪くなるので、収穫した蕾はすぐに、酢漬けや塩漬けなどにする。

けしの実

別名	ポピーシード
科名	ケシ科
利用部位	種子

特徴・用途 とても小さな丸い粒で、ほのかに甘い香りとナッツのような香ばしさを持つ。パンやケーキ、焼き菓子などのほか、炒めもの、揚げもの、焼きものなどに、そのまままぶしたり、挽いて利用する。日本では、おせち料理の「田作り」、菓子パンなどに用いられる。

ノート 七味唐辛子の原料としても用いられる。

サッサフラス

科名	クスノキ科
利用部位	葉

特徴・用途 ほのかなレモンのような香りをスープや煮込み料理の風味づけに利用する。アメリカ・ルイジアナ州の料理（特にスープやシチュー）においてよく使われる。代表的なメニューは「ガンボ」。

ノート サッサフラスの葉を乾燥させてパウダー状にしたものは、フィレパウダーとも呼ばれる。

サフラワー

別名	べにばな
科名	キク科
利用部位	花弁、種子

特徴・用途 乾燥した紅色の花弁を水などにひたして抽出した黄色い液を、料理の色づけに利用する。そのほか、ハーブティーとしても利用される。

ノート 別名は「べにばな」で、日本で栽培の盛んな山形県では県花となっている。化粧品や衣類の着色にも用いられる。また、種子は主に食用油の原料として利用される。

サボリー

別名	セイボリー
科名	シソ科
利用部位	葉および花穂

特徴・用途 強い香りを持つハーブで、タイムの香味と似ているが、より鮮烈な香りが特徴。「豆のハーブ」とも呼ばれるほど、豆との相性がよいことで知られているが、そのほか肉や野菜、卵といった素材ともよく合う。

ノート ミックススパイスのエルブドプロバンスの原料として使われたり、タイムに似た香りを生かしてブーケガルニにも用いられる。かなり香りが強いため、使用量には注意して。

しそ（紫蘇）

別名	大葉
科名	シソ科
利用部位	葉および花穂、種子

特徴・用途 ひやむぎやうどんなどの麺類や鍋料理、刺し身や寿司、冷奴などの薬味のほか、漬けものやふりかけなどにも用いられる。

ノート 花穂も、同様に料理のあしらいや香りづけに使われる。また、乾燥させた種子が七味唐辛子に配合されることもある。

スマック

科名	ウルシ科
利用部位	果実

特徴・用途 酸味と渋みが特徴の赤色のスパイス。酸味づけの目的で、特に中近東料理（サラダや肉料理、魚料理など）に広く利用されている。

ノート 赤じそを乾燥させた「赤じそふりかけ」を彷彿とさせる色、味わい。また、ザーターと呼ばれるミックススパイスの原料のひとつでもある。

セロリー

科名	セリ科
利用部位	種子

特徴・用途 独特の強い爽やかな香りを持ち、青臭さやほろ苦さも感じられるスパイス。特に野菜と相性がよく、素材の青臭みを抑えるため、野菜を使うスープ、サラダ、ピクルスなどに利用される。また、白身魚のムニエルにも。

ノート セロリーには､野生品種のスモーリッジ､ラビッジ、アレクサンダーのほか、品種改良した園芸上の変種がたくさんあるが、スパイスとして用いられるのはスモーリッジ種の種子。

ソレル

別名	オゼイユ
科名	タデ科
利用部位	葉

特徴・用途 葉に爽やかな強い酸味とほろ苦さを持つのが特徴のハーブで、フランス料理によく用いられる。肉や魚料理のつけ合わせに利用されるほか、あえものやおひたしに、またピューレにしてソースやスープに利用される。

ノート 一般のソレルのほかに、葉に白い斑点を持つフレンチソレル（バックラーリーフソレル）という種類もあり、どちらも食用として利用されている。

たで（蓼）

科名	タデ科
利用部位	葉（芽）

特徴・用途 食用にされるのは「やなぎたで」という種類と、その変種（紅たで、青たでなど）で、葉や茎にピリッとした辛みがある。青たでの葉を刻んで二杯酢で溶いた「たで酢」は鮎料理に欠かせない薬味として有名。また紅たでとともにその芽（双葉）は刺し身のつまや、吸いものの吸い口に使われる。

ノート 「蓼喰う虫も好き好き」ということわざは、蓼が独特の辛みを持つことに由来（そんな蓼を好んで食べる虫もいるように、人の好みはさまざまであるということ）。

タマリンド

科名	マメ科
利用部位	果実

特徴・用途 ほのかに甘い芳香と、心地よいフルーツのような酸味を持つスパイスで、料理や飲料に甘酸っぱさを加えるのに使われる（カレーやチャツネなど）。南インドや東南アジアの料理に幅広く利用されている。

ノート さやの中にある果肉をスパイスとして用いる。ブロック状、ペースト状、乾燥品などに加工されたものがあり、水または湯に酸味や風味を移して用いる。チャツネ、ソースなどの原料にも使われる。

どくだみ

科名	ドクダミ科
利用部位	葉

特徴・用途 特有の強い香りを持つハーブ。ベトナムでは、生春巻きや麺類をはじめとする各種料理によく使われる。日本では、乾燥させた葉をお茶にして飲む用途でよく知られている。

ノート 半日陰から日陰の湿りけのある環境で、ハート形の葉を互生させる。地上部を乾燥させたものは生薬としても用いられる（生薬としてのどくだみは十薬と呼ばれる）。

ニオイアダン

別名	パンダンリーフ、ランパ、スクリューパイン
科名	タコノキ科
利用部位	葉

特徴・用途 炊きたてごはんのような甘くて強い香りが特徴で、東南アジアの米料理や魚料理、デザートに使われる。炊き込む、煮込む、葉で料理を包む、生の葉をつぶして料理に混ぜ込むといった使われ方をする。

ノート 別名「スクリューパイン」は、茎が“らせん状”に伸び、葉がパイナップルに似て剣のように細長くとがっていることから。スリランカでは「ランパ」と呼ばれ、カレーの香りづけに欠かせないハーブ。

ニゲラ

別名	ブラッククミン、カロンジ
科名	キンポウゲ科
利用部位	種子

特徴・用途 小さな黒い粒のスパイスで、インドや中近東地域でよく使われる。カレー、チャツネ、野菜料理や、パンやお菓子のトッピングなどに用いられる。

ノート ミックススパイスの原料としてもよく用いられ、インドのパンチフォロンやモロッコのラセラヌーなどに配合されている。インド名は「カロンジ」。

フェネグリーク

別名	メティ（メッチ）
科名	マメ科
利用部位	種子、葉

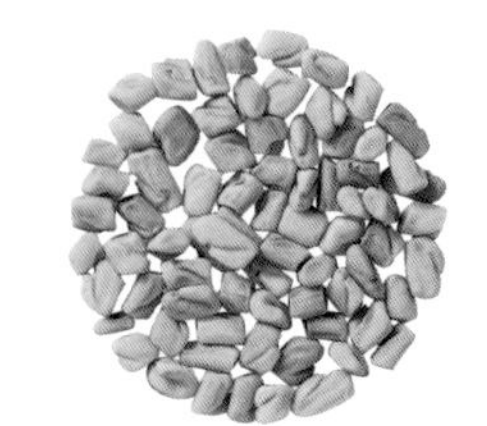

特徴・用途 黄色くかたい種子は、メイプルシロップに似た甘い香りと強い苦みを持つ。特に南インド地方では、豆や野菜、米、魚を主体にした料理に用いられることが多く、カレーやチャツネなどの材料としても幅広く使われている。また、中近東地域では、水にひたした種子をそのほかの調味料やスパイスといっしょにすりつぶし、ディップソースの材料にしたりもする。インドでは葉も多用される。スプラウトや若葉はサラダなどに、苦みのある生長した葉はカレーや炒めものなどの風味づけに幅広く用いられる。

ノート スタータースパイスとして利用されることが多く、油とともに焦がさないよう注意して炒めて、香ばしい甘い香りを引き出し、料理にマイルドな風味を加える。種子自体は、炒ったあとも煮込んだあとも苦みを有しているため、量は控えめに用いる。「メティ（メッチ）」はインド名。葉は「カスリメティ」と呼ばれる。

マーシュ

別名	コーンサラダ
科名	スイカズラ科
利用部位	葉、茎

特徴・用途 ふんわりと丸くかわいい卵形の葉とクセのない風味が特徴。サラダや料理の飾りに使われるほか、シチューや炒めものに使われることも。

ノート 英名の「コーンサラダ」は、トウモロコシ畑近くに自生していたことに由来。

マンゴーパウダー

別名	アムチュール
科名	ウルシ科
利用部位	果実

特徴・用途 レモンやライムのような強い酸味が特徴。インドでは、カレーやスープのほか、パンやペストリーの詰めものなどに幅広く利用される。

ノート マンゴーの未熟な果実をスライスして乾燥後、粉状にしたものをスパイスとして利用。シーズニングスパイス「チャートマサラ（チャットマサラ）」の原料。「アムチュール」はインド名。

みつば

科名	セリ科
利用部位	葉、茎

特徴・用途 みずみずしい爽やかな香りが特徴のハーブ。汁ものなどの薬味のほか、おひたし、天ぷらなどにも使われる。

ノート 東アジアに広く自生している。

ロングペッパー

別名	ヒハツ
科名	コショウ科
利用部位	果実

特徴・用途 ピリッとした辛みと、ほんのり甘い香りが特徴。アジア地域で、肉などの臭み消し、炒めもの、カレーなどの風味づけに用いる。インドではガラムマサラに配合されることも。日本では、主に沖縄で豚肉料理や沖縄そばの薬味に使われている。

ノート つる性の熱帯植物で、細長い棒状の果実をつける。沖縄ではロングペッパーが自生している地域もあり、島こしょう、ピパーチなどと呼ばれている。
こしょうの近縁種で、こしょうの語源とされる「ピッパリー」は、このロングペッパーをさす言葉だとされている。

その他のミックススパイス

カトルエピス

特徴・用途 古典的なフランス料理によく用いられるミックススパイスで、肉料理の臭み消し、風味づけに用いられる。パテ、テリーヌといった臓物料理のほか、ハムなどの加工製品にも使われる。

ノート ナツメッグ、クローブ、シナモン、ブラックペッパー、ジンジャーなどのうちから、4つのスパイスがミックスされる。フランス料理に伝統的に使われてきたミックススパイスのひとつ。

ザーター

特徴・用途 油で揚げたり、肉のグリル料理に使ったり、オリーブ油と混ぜてパンにひたして食べる。

ノート 一般に白ごま、オレガノ、スマックを基本にミックスされる。北アフリカから中近東にかけての地域で利用されるミックススパイス。

ダッカ（デュカ）

特徴・用途 材料をフライパンで乾煎り後、粗く挽きつぶしたものを料理に用いたり、オリーブ油にひたしたパンにつけて食べたりする。

ノート ごまやクミン、コリアンダーといったシードを利用するスパイス、ナッツ類など数種を組み合わせている。北アフリカから中東地域で利用されるシーズニングスパイス。

チャートマサラ（チャットマサラ）

特徴・用途 生野菜やゆで卵、果物などに振りかけて利用される。

ノート マンゴーパウダーを基本に、複数のスパイス、塩がミックスされている。インドで利用されるシーズニングスパイス。

パンチフォロン

特徴・用途 豆料理や、野菜を炒め煮にするサブジなどの料理に利用される。

ノート クミン、ニゲラ、フェネグリーク、マスタードシード、フェンネルシードの５種類（すべてホール）をミックスしたもの。インド東部ベンガル地方の代表的なミックススパイス。

ラセラヌー

特徴・用途 羊料理や米・クスクス料理などに利用される。

ノート 20種類以上のスパイスやハーブがミックスされている。モロッコのミックススパイス。ラセラヌーとは「店の一番」との意味だそう。

第三章

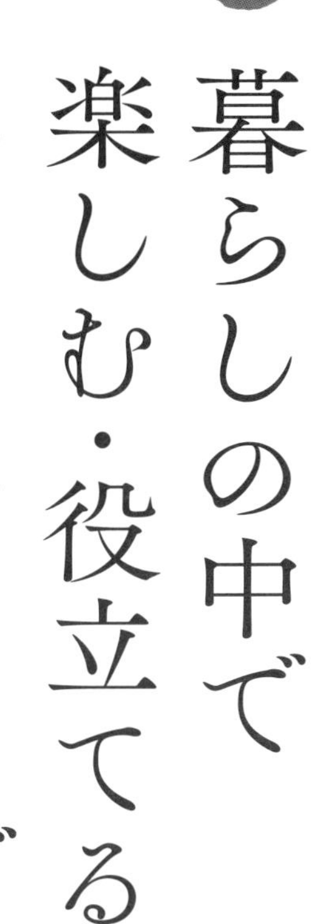

暮らしの中で楽しむ・役立てるスパイス&ハーブ

人気のハーブティーからビューティ、ハウスキーピング、栽培、健康まで。幅広くスパイス&ハーブを楽しんだり役立てたりするのに参考にしてください。

好みで楽しむハーブティー

最近ではカフェやレストランなどでも
多くの種類のハーブティーを楽しめるようになりましたが
自宅でも好みのハーブを使って楽しむことができます。

ハーブティーについて

ハーブティーとは、ハーブに熱湯を注いで抽出したお茶のこと。ハーブティーにはさまざまな種類がありますが、「リラックス」「リフレッシュ」「利尿」といった作用があるといわれています。

※フレッシュハーブを用いたお茶は「フレッシュハーブティー」、ドライハーブを用いたお茶は「ドライハーブティー」と呼ばれる。また1種類だけのハーブでいれたお茶は「シングルハーブティー」、複数のハーブを用いたものは「ブレンドハーブティー」と呼ばれる。

ハーブティーの効果

Relax
リラックス

Diuretic
利尿

Refresh
リフレッシュ

☑ ハーブティーを楽しむ際の注意事項

ハーブの中には、妊娠中の人や幼児、高齢者、通院中の人、アレルギーや高血圧など特別な疾患がある場合には適さない種類があるので、ティーにする場合には、安全性を確認してから楽しむこと。また、個人の体質や体調によりアレルギー反応が起こることもあるので、異常が見られたらすぐに使用を中止し、医師に相談を。

ハーブティーのいれ方

1 準備

ティーカップ（1杯分150〜180mℓ）、ティーポットを用意する。カップはあらかじめ温めておく。

2 ハーブを計量し、ティーポットに入れる

●ドライハーブの場合
ハーブ使用量の目安は、ティーカップ1杯分でティースプーン山盛り1杯程度。
計量後、ティーポットに入れる。
●フレッシュハーブの場合
ハーブ使用量の目安は、ティーカップ1杯分でティースプーン山盛り3杯程度。ドライの場合の3倍程度と覚えて。計量後、水でやさしく洗い、水けをキッチンペーパーなどで拭き、大きめの葉は適当な大きさにちぎりながらティーポットに入れる。

3 熱湯を注いで蓋をする

ティーポットに沸騰したての熱湯を注ぎ、蓋をする。

※「『熱湯を使う』『蓋をする』の意味は？」
熱湯にするのは香りを出やすくするため。ティーポットに蓋をするのは、香りは揮発性のため、蓋なしではどんどん香りが逃げてしまうから。必ず蓋をして蒸らすこと。

4 蒸らして抽出する

ドライかフレッシュか、また利用する部位によって抽出時間は異なるが、おおよそ3〜5分が目安。抽出後、茶こしでこしてカップに注ぐ。好みでカットレモンやはちみつを添えていただく。
●フレッシュハーブティーで3分程度（長く蒸らしすぎると青臭みや渋みが強まることも）。
●ドライハーブティー（葉や花）で3〜5分。

※かたい種皮を持つ果実や種子などは、7〜10分かけてしっかり香りを引き出す。

**ハーブをちぎって
ポットに入れるのは？**

ハーブをちぎることでハーブティーの命である“香り”が出やすくなるから。手でちぎりにくいの繊維質のハーブ（レモングラスなど）は、キッチンばさみなどで適当な大きさに切る。ただし葉をあまり細かくつぶしすぎると、青臭みや渋みの原因につながるので注意して。

季節の
ブレンドハーブティー

それぞれのハーブの個性のバランス、香りの相性、期待される効能などを意識して、2種類以上のハーブをブレンドし、オリジナルのハーブティーを楽しんでみませんか?
組み合わせのポイントは、気分や目的、また季節に合わせてブレンドを楽しむこと。下記の個別ハーブの特徴を参考に。

ローズマリー

春

新入学、新社会人など新しい生活が
始まるこの季節は、生活リズムや
体調をくずしがちになるので、
リラックス系のハーブティーがおすすめ。

夏

暑さや湿気で体力も落ちる季節。
アイスハーブティーがおすすめ。
氷の入ったグラスに、濃いめに抽出した
ハーブティーを注ぐ。爽やかな酸味と
美しい赤い色が特徴のハイビスカスやローズヒップ、
爽やかな香りのレモングラスやミントなどがぴったり。

食欲の秋には、食べすぎのあとに
ハーブティーが効果的。フェンネルシード、
ジャーマンカモミール、ペパーミント、
レモングラス、レモンバームなどがおすすめ。
また、充実した睡眠のためにも
ノンカフェインのハーブティーは特におすすめ。

乾燥した冷たい空気の寒い季節の
ホットドリンクとして
香りをより感じやすいハーブティーはおすすめ。
また、ふだん飲んでいるコーヒーや紅茶、緑茶などに
ハーブやスパイスをうまくとり入れるのも効果的。

ハーブティーによく使われるハーブ

ハーブティーに使われるハーブのリストです。
特徴を参考に自分の気分や体調に合ったハーブティーを楽しんでください。

エキナセア

マイルドで苦みや刺激などはあまりない。体の抵抗力を高め、風邪などにかかりにくい体質づくりに役立つといわれている。

エルダーフラワー

マスカットに似た甘くてフルーティな香りで人気。欧米では古くから万病薬的な存在として親しまれてきた。風邪のひき始めや、花粉症の症状を和らげるといわれている。

ジャーマンカモミール

「大地のりんご」と呼ばれるように、りんごに似た甘い香りがする。古くから腹痛や風邪の民間薬として親しまれてきたハーブ。また心を落ち着かせ、体を温める働きも有名。

ジュニパーベリー

スキッとしたシャープな香りで、気分をすっきりさせたいときにおすすめ。また利尿作用や解毒作用があるといわれている。
※使うときにはスプーンの背などで実をつぶしてからポットに入れるとよい。

ステビア

砂糖の300倍の甘さを持ち、砂糖代わりの天然甘味料として使われる。ティーに少し加えるだけで、十分な甘さになる。

スペアミント

清涼感と甘い香りをあわせ持ち、ペパーミントと比べてやわらかい香り。組み合わせるハーブの香りを引き立てながら、さっぱりとしたハーブティーになる。

タイム

刺激とやわらかさをあわせ持つ香り、殺菌作用が有名で、ハーブティーはうがい薬の代わりにも使われてきた。

ネトル

草原を思わせる香りを持ち、鉄分やビタミンを多く含む。貧血予防や花粉症などアレルギー症状の緩和に役立つといわれている。

ハイビスカス

爽やかな酸味と美しい赤い色が特徴。クエン酸を多く含むため、美容や疲労回復に効果的といわれる。水で抽出することもできるので、アイスティーにもおすすめ。
別名ローゼル。

フェンネルシード

スーッとした香りとふくよかな甘みがある。おなかのガスを排出し、胃腸を整える働きもあるといわれている。

マロウ／マロー

クセのない穏やかな風味で、咳など呼吸器系の症状や、のどの痛みなどによいとされている。ティーの色は美しい青色が楽しめて、さらに酸性のもの（レモン汁や乳酸飲料など）を加えると、ピンクに変化する様子を楽しむことができる。この色の変化から「夜明けのハーブティー」との愛称も。

ペパーミント

メントールのくっきりとした清涼感ある香りが特徴で、そのクールな味わいは、リフレッシュしたいときにぴったり。また消化を助ける働きがあるといわれていて、食後におすすめのハーブティー。

ハーブティーによく使われるハーブ

ラズベリーリーフ

ほのかに甘い風味。ヨーロッパでは古くから「安産のハーブティー」として親しまれ、妊娠後期（出産２～３カ月前）から出産後にかけてよく飲まれてきた。分娩を楽にし、出産後は母乳の出をよくし、母体の回復を助けるとされている。

ラベンダー

甘くフローラルな強い香りで「ハーブの女王」とも呼ばれる。気持ちをリラックスさせる働きがあり、安眠にも役立つといわれる。

レモングラス

すっきりとしたレモン風味のハーブティーが楽しめて、飲みやすい味わい。リフレッシュに最適なほか、消化促進の働きもあるといわれる。食後のティーに。

レモンバーベナ

爽やかなレモン風味で、どのハーブとも相性がいい。緊張や神経過敏を和らげ、気持ちを落ち着かせる働きがあるといわれる、リラックスしたいときにおすすめのハーブ。別名ベルベーヌ。

レモンバーム

穏やかなレモン風味のハーブ。気分を高め、心を元気にする働きがあるといわれ、落ち込んだ気分のときにおすすめ。また消化促進の働きがあるともいわれ、食後にもおすすめ。

ローズ

優雅な香りに加え、花びらがきれいに広がり見た目にもきれいなハーブティーが楽しめる。女性のホルモンバランスを整えたり、不安定な気持ちを落ち着かせてくれる働きがあるといわれる。

ローズヒップ

ドッグローズというバラの実で、やや甘酸っぱい味と優雅な香りが特徴。ビタミンCが豊富に含まれており、女性に人気のハーブ。

ローズマリー

目が覚めるようなスキッとした香りのローズマリーは、記憶をよくし、集中力を高める働きがあるといわれる。抗酸化作用があるとされ、美容にもよいといわれるハーブ。

☑ 人気の代替コーヒー（ハーブコーヒー）を知っている？

ヨーロッパでは古くから、ハーブの根をローストしたものを用いて、香ばしい飲み物を作っていた。
これらは色や風味がコーヒーに似ていることから、代替コーヒーやハーブコーヒーと呼ばれるが、カフェインは含まれていない。

代表的なものにダンディリオン（セイヨウタンポポ）の根を利用したものや、チコリの根を利用したものがある。このほか一部の穀類も代替コーヒーの原料として使われている。

ヘルス＆ビューティに生かすスパイス＆ハーブ

料理以外にも生活の中で、スパイス＆ハーブの活躍の場はたくさんあります。その香りや機能を生かして、リラックスしたりきれいになってみませんか？

ハーブバスでリフレッシュ

ナチュラルな香りのオリジナル入浴剤を作ってバスタイムを楽しんでみませんか？

おすすめのスパイス＆ハーブ

ミント、ローズマリー、レモングラス、レモンバームなど爽やかでリフレッシュできる香りのハーブ。なかでもローズマリーは「若返りのハーブ」といわれ、美肌効果が期待されている。

ハーブバス

使用量
ドライハーブの場合…約20g
（大さじ山盛り５杯程度）
フレッシュハーブの場合
…ひとつかみ程度

作り方
ドライハーブは、あらかじめ鍋で煮出した濃いめのハーブ液にして湯船に入れる。フレッシュハーブは、だし袋などに入れてから湯船に入れる。

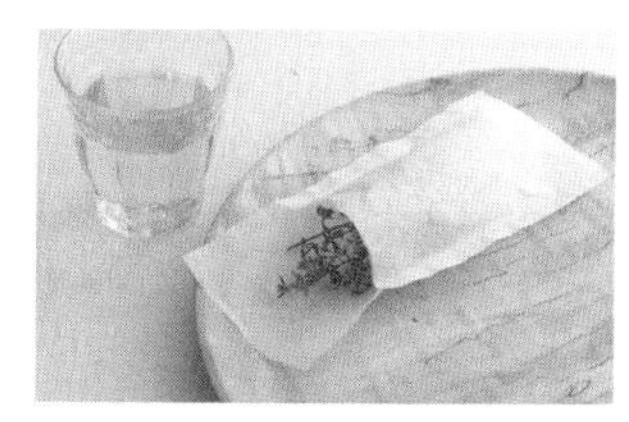

手作り化粧水で美肌づくり

中世から「ハンガリアンウォーター」など、ハーブを利用した化粧水の美肌効果が伝えられてきましたが、スパイス＆ハーブには肌によいとされている成分を含むものが多くあり、市販の化粧品にも活用されています。こうしたハーブで化粧水を手作りしてみませんか？

おすすめのスパイス＆ハーブ

有効成分といわれるものは、ハーブによって、保湿、肌の引き締め効果などさまざま。肌のタイプによってハーブ選びをするとよい。

肌のタイプ	ハーブ
乾燥肌～普通肌の場合	ラベンダー、ジャーマンカモミールなど
普通肌～脂性肌の場合	ゼラニウムなど
脂性肌の場合	ローズマリー、ジュニパーベリーなど

注意！　ハーブバス、化粧水ともに肌に直接触れるものなので、肌が弱い人や、アレルギーがある人などは控えてください。化粧水は腕の内側などでパッチテストをしてから使用を。

手作り化粧水の基本のレシピ例

材料
好みのハーブ（ドライ）…小さじ1
精製水…60mℓ
はちみつ…小さじ½

作り方
1. 小鍋にハーブを入れ、精製水を加えて弱火にかけ、ときどき混ぜながら沸騰させる。
2. 火を止めて蓋をし、そのまま冷めるまで10分ほどおく。
3. はちみつを加え、軽く温めて溶かす。コーヒーフィルターなどでこして、消毒した容器に移せば完成。
※はちみつは保湿のために加えているが、代わりにグリセリンでもOK。
※作った化粧水は冷蔵庫で保管し、４～５日で使い切る。

Column

若返りのハーブ!?「ハンガリアンウォーター」

14世紀頃、持病の痛みに悩まされていた年老いたハンガリー王妃に、ローズマリーなどで作られた化粧水が献上された。王妃がこれを使用したところ、痛みがとれて健康が回復したばかりか、さらに若々しい肌がよみがえり、隣国ポーランドの若い国王に求婚されたという逸話が残っている。この化粧水は「ハンガリアンウォーター」と呼ばれ、現代にまで伝えられている。

自家製うがい液もハーブで

抗菌作用や清涼感のあるスパイス&ハーブでうがい液を作ってみてはいかがでしょう。
濃いめに煮出したハーブティーをそのまま冷まして使います。

※うがい液（濃いめに煮出したハーブティー）はその日のうちに使い切る。

おすすめのスパイス&ハーブ

タイム…抗菌作用が強いといわれる「チモール」という成分を含むハーブ。風邪の流行するシーズンに、外出から帰った際に使うといい。
ミント（ペパーミント・スペアミント）…ミントはスーッとした爽やかな香りなので、口の中をさっぱりさせたいときに、ミントを煮出した液で口をゆすぐといい。

ハウスキーピングに役立つ スパイス&ハーブ

清潔で気持ちのいい住空間づくりにも
スパイス＆ハーブを活用することができます。

部屋を香りで心地よく

芳香浴 精油を利用

精油によって香りを空間に漂わせて楽しむことを芳香浴といいます。手軽に楽しみたい場合は、専用のアロマポットを使います。受け皿に精油を１～２滴たらし、電気の熱で香りを広げて楽しみます。

※器具や付属物の取扱説明書に従って使うこと。

ルームフレッシュナー（ルームスプレー） 精油を利用

スプレー容器（ガラス製で耐油・耐アルコール性）に無水エタノール5㎖を入れ、好みの精油８滴をたらし、よく振って混ぜます。精製水45㎖を加え、さらによく振って全体を混ぜます。でき上がったものは、リフレッシュしたいときなどに周囲にシュッシュッと振りまいて使いましょう。

掃除・家事にも役立つ

- 掃除機のごみパックに精油を１滴たらすと、排気が爽やかになります。
- フレッシュハーブ（ミント、ローズマリー、タイムなど）を水に30分ほどつけて香りを移し、ハーブウォーターをスプレーしてから衣類をアイロンがけします（アイロンはスチームなしの設定で）。

Column

精油について

精油とは、植物（スパイスやハーブなど）から抽出した香り成分などを高濃度に含有した天然素材で、エッセンシャルオイルとも呼ばれる。この精油は各植物によって特有の香りと機能を持ち、これを生かしたものに「アロマテラピー」がある。
「アロマテラピー」は芳香療法と訳され、精油を利用して室内によい香りを漂わせる、また入浴剤を作ったり、トリートメントを行ったりし、癒やしや美容、健康に役立てるというもの。
香りの効果にはリフレッシュ、リラックスなどがあり、使用するスパイスやハーブによって効能が違う。一部、人体に強く作用するものもあるので、長時間の使用や、効果・効能を重視する場合は、専門家や医師に相談のうえ使用すること。

精油の注意事項

＊精油（エッセンシャルオイル・以下同）は飲食物ではないので、絶対に口に入れないこと。
＊精油を肌に直接使用しないこと。
＊精油は引火することがあるので、火気には注意。
＊精油をさわった手で目をこすらないこと。
＊キャップをしっかり閉めて、冷暗所で保存する。
＊子どもやペットの手の届かないところに保管を。

昔からの暮らしの知恵にも登場

食品保存に

- 米びつに赤唐辛子（２～３本）やローレル（３～４枚）を入れておくと虫がつかないとされます。
- 餅やパンのカビ予防に、アルミケースなどに入れた少量のねりわさびやねりがらしを容器にいっしょに入れておくとカビが生えにくいといわれています。

食器棚やクローゼットに

- 食器棚には、害虫を遠ざける働きがあるといわれるクローブをひとつかみ入れます。
- クローゼットにラベンダー、シナモン、ローレル、セージなどを入れておくと、香りを衣類に漂わせるとともに防虫効果が期待できます。これらのスパイス＆ハーブで作った袋状のサシェや、クローブ、シナモンを使用したポマンダーをクローゼットに入れます。

手作りクラフトで楽しむ スパイス&ハーブ

家の中の気になるにおい対策に、
また、大好きな香りでリラックスするための
手作りできるおしゃれなクラフトをご紹介します。

Handmade 1

サシェ

フランス語で「香り袋」のこと。
好みのスパイス&ハーブを
巾着などに詰めて、クローゼット、
キッチン、トイレ、下駄箱などに。

材料
好みの布地(または布袋)、
リボン、わた、好みのスパイス&ハーブ … 各適量

作り方
1. 布地で適当な大きさの袋を作っておく。
2. わた(脱脂綿など)ひとつかみ分を広げ、スパイス&ハーブを包み、布袋に詰めて口をリボンで結ぶ。

▶ もっと簡単にするには、不織布のお茶パックにスパイス&ハーブを詰めて口を閉じるだけでもOK。
▶ 大きめの布袋(15×5㎝)を用意し、先端に香りの強い部分がくるようにスパイス&ハーブを詰めれば、シューズキーパーに。

もっと簡単にできるスパイス&ハーブのクラフト

シナモンのコースター

材料
シナモンスティック コースター1枚につき6～8本、針金(クラフト用)適量

作り方
長さの揃ったシナモンを、針金を巻きつけながら「いかだ」のようにつないでいく。

サシェにおすすめのスパイス＆ハーブ

消臭に　靴、下駄箱、トイレ、キッチン、タンス、クローゼットなど、においの気になる場所に。

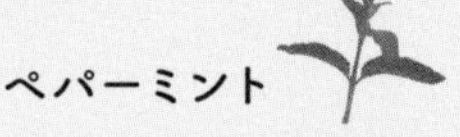

ペパーミント
爽やかな香りが心地よく、含まれる成分には殺菌力があるといわれる。

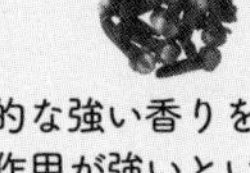

クローブ
甘くて刺激的な強い香りを持つ。抗菌作用が強いといわれる。シューズキーパーなどに。

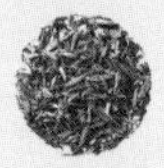

タイム
古くから殺菌・防腐作用を持つハーブとして利用されている。

リフレッシュに　気分をすっきりさせてくれる、爽やかな香りで作ったサシェを勉強・仕事机などに。

ローズマリー
目覚めるような刺激的な香りが特徴。記憶や集中力にいいといわれる。

レモングラス
爽やかなレモン風の香りが人気のハーブ。幅広くリフレッシュに役立つ。

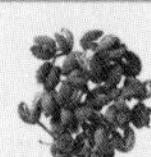

山椒
柑橘系の爽やかな香りを持つスパイス。京都などの土産品として売られている和装用のにおい袋にも使われている。

リラックスに　疲れを癒やす甘くてロマンチックな香りを、寝室の枕元などに。

ラベンダー
ラベンダーの香りは、心身ともにリラックスする鎮静効果があるといわれる。

ジャーマンカモミール
りんごに似た甘い香りで、イライラを静めてくれる効果があるといわれる。

ローズ
うっとりするような優雅な香りのローズは、精神のバランスを整えてくれる働きがあるといわれる。

注意！　高温多湿の夏場に作ると乾燥中にカビやすいので、秋から春の製作がおすすめ。

Handmade 2

フルーツポマンダー

ポマンダーとは「香り玉」の意味。なかでも「フルーツポマンダー」は、オレンジなど柑橘系の果物にクローブを刺し、さらにパウダースパイス（シナモン）をまぶしたもののこと。部屋に飾ったり、クローゼットに入れておく。

材料
小さめのオレンジ…１個
クローブ（ホール）…⅔カップ
シナモン（パウダー）…適量
リボン（またはひも）…１本
セロハンテープ…適量
ポリ袋、ネット袋…各１枚
竹串…１本

作り方

❶ 新鮮なオレンジを用意し、十文字にセロハンテープを巻く。
❷ セロハンテープを巻いていない部分に竹串で穴をあけ、そこにクローブ（粒が揃ったもの）を2〜3㎜間隔でびっしり刺す。
❸ 全体にクローブを刺したらセロハンテープをはがし、ポリ袋にオレンジを入れて、シナモン大さじ2を振りかける。袋を揺すってまんべんなくシナモンをまぶしつけ、袋から取り出す。
❹ オレンジから水分が出るので、ときどきシナモンをまぶす。また余分についたシナモンは竹串で除いておく。これを3日ほど繰り返すと、水分が出なくなる。
❺ ネット袋に4を入れて1カ月ほど風通しのいい場所に吊るし、乾燥させる。仕上げにリボンを結ぶ。

※ オレンジのほかに、レモンやライム、姫りんごなどでも作れる。またシナモンにオールスパイスやカルダモンのパウダーをミックスしても、いい香りに。オレンジは乾燥すると縮むので、クローブは2〜3㎜あけて刺すのがポイント。

❷ クローブを刺す

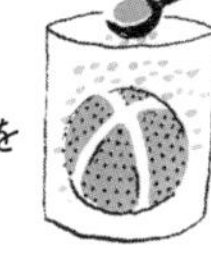
❸ シナモンをまぶす

❺ 風通しのいい場所で乾かす

Handmade 3

ローズマリーのリース

リースといえばクリスマス飾りのイメージが強いが、ローズマリーやローレルなど枝のしっかりしたスパイス&ハーブで、香りのいいリースを一年中楽しめる。

材料

ローズマリー（フレッシュ）…10本（15㎝程度）
太めの針金（土台用）…50〜60㎝
細めの針金…約20本（6〜8㎝にカットしたもの）

作り方

❶ 太めの針金を二重にして土台を作る（直径10㎝程度の輪にする）。
❷ ローズマリーの枝の端に細めの針金を巻きつけ、1の土台に留め、イラストのようにローズマリーの枝を土台の針金にからめるように巻いていき、巻き終わりを土台に細めの針金で留める。
❸ 2の作業を繰り返し、土台の針金が見えなくなるくらいローズマリーを巻きつける。

※ 仕上げに赤唐辛子、シナモン、スターアニスなどのスパイスを飾ると、彩りの美しいリースになる。

❷ 土台にローズマリーを巻きつけていく

Column

タッジーマッジーってどんなもの？

イギリス伝統のハーブの入った小さな花束。19世紀のビクトリア朝時代に、花言葉とともに流行。選ぶ花や花言葉を吟味して、自分の気持ちを伝える小さな花束は「語るブーケ」「言葉の花束」と呼ばれた。好みのハーブと花を組み合わせて作ってみては？

手軽に育てるハーブの栽培

庭がなくても、自宅のベランダなどで育てたハーブを収穫し、
料理をはじめとして
暮らしをもっと楽しむことができたらすてきですね。
ここではコンテナや鉢で手軽に育てるハーブの栽培法をご紹介します。

※栽培する際には、食用として使うものと食用でないものは別に植えて、
間違って収穫したり、使わないようにしましょう。

1 ハーブを定植(植えつけ)する

定植とは、育てたい場所に植えつけること。
時期を見計らってハーブの苗を定植しましょう。

[時期]

一般的にハーブがよく育つ気候条件はハーブごとに栽培適温があり、自生地または、原産地に近い温度帯とされていて、定植の時期は春か秋が適している。暑すぎたり、寒すぎる時期に定植すると、苗が弱ってうまく育たないことがある。

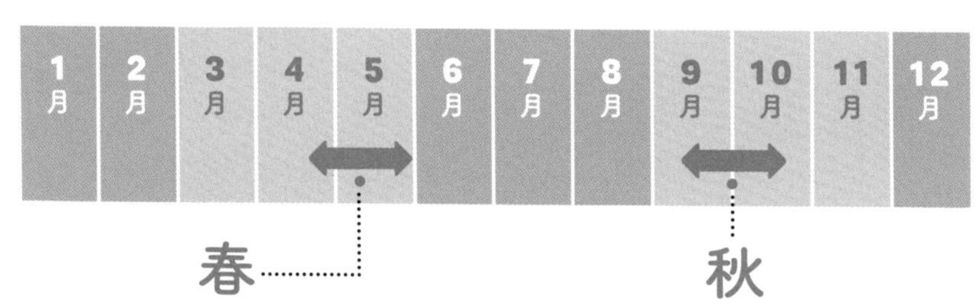

春

遅霜の心配がなくなる4月下旬以降が定植時期の目安。バジルなどの一年草(発芽してから開花、結実し、枯死するまでの生命サイクルが1年未満の植物)で耐寒性のないハーブは、春の定植が基本。

秋

9月下旬〜10月上旬が定植時期の目安。ラベンダーやローズマリーなど耐寒性のあるハーブは、この時期に植えつけると冬の間にしっかりと根が張り、春からの生長も良好になる。また一年草の苗であっても、コリアンダー、チャービル、ディルなど耐寒性のあるものは、秋植えにすることでしっかりした苗に育ち、翌春早くから枝葉を茂らせる。

一年草に対し、茎の一部、地下茎、根などが枯れずに残り、毎年、茎や葉を伸ばすものを多年草という。なかでも一年中、地上部が枯れない植物を常緑植物という。

［用意するもの］

苗

園芸店などで実物を見て苗を購入する場合は健康なものを選ぶ。

苗を選ぶポイント

ポイント1

葉や茎に
つやがあるもの

ポイント2

葉や茎が
間延びしていないもの

（茎の節の間が長く、全体にひょろっとしたものは避ける）

ポイント3

根づまりや根腐れを
起こしていないもの

（ポリエチレンのポットに根がいっぱいに張ってポットがかたくなっているものや、土が湿っているのに葉に元気がないものは避ける）

培養土

一般的にハーブの培養土には「通気性がある」「排水性と保水性をあわせ持つ」といった特徴の土が適しているといわれる。この条件を満たすために、いくつかの種類の土をブレンドする。

※慣れないうちは、あらかじめブレンドされた市販のハーブ用の培養土などを利用してもいい。

［ブレンドする土］

ベースの土

赤玉土
水はけ、通気性を
よくする

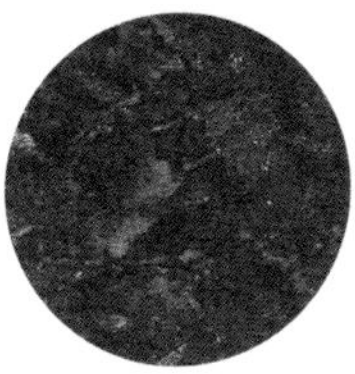

腐葉土
養分を含み、
通気性をよくする

＋

プラスする土

バーミキュライト
土全体の重量を
軽くし、
水はけをよくする

ピートモス
保水性をよくする
（ただし酸性なので、酸度が調整されているものを用いる）

〔用意するもの〕

容器

ハーブ苗を定植するには、素焼き製、プラスチック製、陶器製などの鉢やプランターを用意する。

素焼き製

通気性（水はけ）はよいが、夏は乾燥しやすいので、こまめな水やりが必要。プラスチック製より重い。

プラスチック製

軽いという長所があるが、通気性が悪くて蒸れやすい点もあるので、土づくりのときに用土の排水性をよくする。

そのほかに用意するもの

ゴロ土

鉢底の排水性を高める

防虫ネット

鉢底からの虫の侵入を防ぐ

はさみ

根や茎を切ったりするのに使用

スコップ

土を鉢に入れるのに使用

〔ハーブ苗を植え替える〕

1

鉢底に防虫ネットを敷いてゴロ土を入れ、その上に適当な高さまで培養土を入れる（苗を置いたときに、その根元が鉢の縁から2cmくらい下がったところにくるように調整する）。

2

苗をポットから慎重に取り出し、鉢の中心になるように置き、周りに培養土を入れていく。苗が数種類のときはバランスよく配置を。

3

鉢を軽く揺すって土をならし、鉢底から水が流れ出すくらいにたっぷりと水やりをする。

※1種類だけの苗でも、目的に合わせた寄せ植えでもいい。たとえばサラダ用、ティー用、クッキング用（イタリアンコンテナ、エスニックコンテナなど）と決めて、苗の種類を選ぶのも楽しい。

❷ ハーブを育てる

植え替えたハーブを元気に生長させるには
日々の手入れが大切です。

環境を整える

日当たり

ハーブは日当たりのいい場所を好む（チャービルなど例外も）ので、冬場は一日中、夏は午前中いっぱい日が当たる場所（西日は避ける）に鉢を置く。

温度

ハーブによって適温に差はあるが、だいたい15〜25度。暑さには強いハーブが多いが、夏場、熱されたコンクリートの上などに置くと土の温度が上がって根が傷んでしまうので、棚など通気性のいい場所に置く。冬場は寒さに弱いハーブは室内で育てる。

肥料やり

肥料は植物自身が光合成で養分をつくり出しているので、それを補うくらいに。冬場はハーブはほとんど生長しないので、一般的に肥料は不要なのもポイント。

水やり

水やりの基本は
❶水は土の表面が乾いてから与える（常に湿った状態は根の酸欠状態を招き、根腐れの原因に）。
❷与えるときは鉢底から水が流れ出すほどたっぷりと（鉢穴から老廃物を流し、新しい空気を入れるため）。
❸水やりは午前中（夏は昼間の蒸散量が多く、冬は午前中に与えないと夜に凍ってしまうおそれがあるため）。

ハーブの個性に合わせて

乾燥を好むハーブ

葉の表面積が小さいローズマリー、
タイムなど葉の表面がワックスや
繊毛などで覆われている
ローズマリー、セージなど

湿潤を好むハーブ

葉の表面積が大きいバジルなど、
葉に切れ込みがある
チャービル、パセリなど

病気や害虫

病気や害虫が発生してしまったら、病気の部分を取り除いたり、害虫を駆除すること。食用に育てているものは、できるだけ手やピンセットで。

剪定・摘芯

ハーブが育つと枝葉が密になって茂るので、風通しや株元への日当たりをよくするために、収穫も兼ねて剪定や摘芯をする。

剪定　枝や茎の一部を取り除くこと。日照、風通しをよくしたり、形を整える。

摘芯　枝先の中心を切り取り、その脇から新芽を出させること。収穫量をふやしたり、植物の外見のバランスを整えるのに行う。

③ ハーブを収穫する

ハーブは旺盛に生長するものが多いので、こまめに収穫、利用しましょう。ただし秋から冬は一年草なら生涯を終えてしまい、多年草も茎葉を枯らして冬眠に入ってしまうので、頃合いを見て収穫を。

［時期］

生で使用するときは、使うときに使う量だけ収穫を。
ドライにする場合は、最も香りが強くなる開花直前（咲き始める頃）の収穫がおすすめ。

［収穫方法（葉や茎を利用する場合）］

収穫の方法は新芽の出方や生長速度によって異なるが、ある程度性質が共通するハーブは同じような収穫方法になるので、その例をご紹介。

●**シソ科**に属するハーブのうち、**草本性のハーブ（茎枝が木質化しないバジル、オレガノ、ミント、セージ、レモンバームなど）**は、脇芽のある節の上でカットして収穫。すると脇芽がそれぞれ別の方向に向かって伸び、枝分かれする。

●シソ科に属するハーブのうち、木本性のハーブ（茎が木質化するローズマリー、ラベンダー、タイムなど）は、使用する分だけ枝を間引くように収穫する（このとき一度に株ぎわから枝を全部切り取ってしまうと、株が弱って枯れてしまうことも。刈り込むときには株の背の高さの半分くらいの位置で）。

●セリ科に属する大部分のハーブ（イタリアンパセリ、コリアンダー、ディル、チャービルなど）は、内側から新芽が出るので、中心部は残して外側の葉から収穫する。生長が旺盛な時期は新芽を残して株元から刈り込んでもだいじょうぶ。花芽が上がってきたら、花を咲かせないように中心部も切り取る。

［種をとる場合］

一年草のハーブは秋になると花が咲き、種子をつけたら枯死する。この種子をとる場合は、完熟する少し前に枝ごと切り取り、紙袋などをかぶせて室内に吊るし、追熟しながら乾燥させる。

4 ハーブをふやす（増殖）

ハーブをふやす3つの方法をご紹介します。
毎年収穫できるようにチャレンジしてみてください。

□ 種をまく

□ 株分けする

株を根ごと分割する方法。株が大きくなって別の容器に植え替えるときなどに、根ごとやさしく株分けする。株分けが可能なのはオレガノ、ミント、タイムなど株立ちになるものや、チャイブなど球根や根茎を持っているハーブ。

□ 挿し木

母枝の枝の部分を一部切り取り、土（または水）に挿して固体数をふやす方法。枝を長さ10〜15cmに切って葉を下から半分ほど落として挿し穂を準備し、赤玉土の小粒を鉢に入れ、水で十分に湿らせたら割り箸などで穴をあけて、挿し穂を差し込み、土をしっかり押さえておく。1カ月ほどで根づく。

※ミント、バジル、ローズマリーなどは挿し穂をコップの水の中に挿すだけでも発根しやすい。発根したら土に植え替える。

スパイス&ハーブと健康

古来、健康のために役立てられてきたスパイス&ハーブ。
それらがヨーロッパ、インド、中国で体系化された
伝統医学について、簡単に紹介します。

1 伝統医学とスパイス&ハーブ

スパイスやハーブは古くから薬として用いられてきました。それがお互いに影響し合いながら、地域によって独自の伝統医学として体系化されてきたのです。その後、現代にいたる西洋医学の時代になるわけですが、近年、体や心すべてに働きかけるホリスティック医療として見直されてきています。なかでも、インドや中国、ギリシャなどで行われていた伝統医学は、薬草、民間薬として植物の一部であるスパイスやハーブが取り入れられていたことで共通しています。

インドの伝統医学「アーユルヴェーダ」

インドで成立し、ほかの地域の伝統医学の体系化、発展にも大きく影響を与えたとされます。人間の体の機能を「ヴァータ」「ピッタ」「カパ」の3要素（ドーシャ）でとらえ、人それぞれが独自の組み合わせでドーシャを持ち、それによって体質が決まります。そのバランスがくずれると病気になるという考え方に立つもの。具体的な処方の中でスパイスやハーブの働きを利用しています。

アーユルヴェーダでよく使われるスパイス&ハーブの一例

スパイス&ハーブ	別名（インド現地名）	作用など
ホーリーバジル	トゥラシー、トゥルシ	空気清浄、血液浄化、解熱など
コリアンダー	ダニヤー	解熱、ガス排出、鎮痙、抗炎など
クミン	ジーラ	ガス排出、消化不良など
ターメリック	ハルディ	抗菌など

中国の伝統医学「中国医学（中医学、漢方医学）」

陰陽五行説に基づく生薬や鍼灸、気功、マッサージなどの処方を体系化。広くアジア地域に影響を与え、韓国では「韓医学」、日本では「漢方」として定着しました。中医学の古典薬草書「神農本草経（しんのうほんぞうきょう）」には、生薬として数多くのスパイス&ハーブが収録されています。

漢方でよく使われるスパイス&ハーブの一例

スパイス&ハーブ	別名（漢方名）	作用など
かんぞう（リコリス）	甘草（かんぞう）	鎮咳（咳を鎮める）、去痰（痰を除く）、消炎（炎症を鎮める）、抗アレルギーなど
クローブ	丁子（ちょうじ）、丁香（ちょうこう）	抗菌、鎮痛など
山椒	山椒（さんしょう）	健胃（胃を丈夫にする）、鎮痛、駆虫など
シナモン	桂皮（けいひ）	解熱、鎮痛、鎮静、健胃など
ジンジャー	生姜（しょうきょう）	鎮嘔（吐き気を鎮める）、解熱など
	乾姜（かんきょう）	解熱、鎮痛、鎮咳など
陳皮	陳皮（ちんぴ）	鎮嘔、去痰、消炎など
ナツメッグ	肉豆蔲（にくずく）	整腸、下痢・腹痛止め（熱に起因しない場合）など
フェンネル	茴香（ういきょう）	消化促進、ガス排出など
ペパーミント	薄荷（はっか）	発汗、鎮痙など

欧米「ギリシャの伝統医学」

古代ギリシャ時代にはヒポクラテスが400種ものハーブの処方を残しており、病気を科学的にとらえるこの考え方は、現代の医学や薬学の礎になったともいわれています。ギリシャを発祥とするこの伝統医学は時代とともに発展を遂げ、現在の西洋ハーブ医学（メディカルハーブ）にも通じています。

メディカルハーブとしてよく使われるスパイス＆ハーブの一例

スパイス&ハーブ	和名ほか	作用など
エルダーフラワー	西洋ニワトコ	発汗、解熱、去痰、消炎、抗ウイルスなど
ジャーマンカモミール	カミツレ、カモマイル	鎮静、催眠、消炎、鎮痛、保温、鎮痙など
セージ	サルビア、薬用サルビア	抗菌、抗ウイルス、収れん、適度の発汗抑制など
セントジョーンズワート	西洋オトギリソウ	抗うつ、鎮静、消炎(外用)など
エキナセア	エキナケア、ムラサキバレンキク	免疫賦活、消炎、抗菌、抗ウイルスなど
タイム	タチジャコウソウ	抗菌、鎮咳、去痰など

※メディカルハーブの標準化について
伝統医学の中でも広く使用されてきたスパイスやハーブに対し、現在メディカルハーブとして、広く一般の人々に正しい理解と使用を促す目的で、科学的な実証に基づく評価、検討を行い、国際標準化に向けた指針づくり、リスト化が進められています。
とりわけハーブ先進国ドイツの専門機関コミッションE（kommissionE）が作成した「コミッションEモノグラフ」は、「ハーブと植物性薬品の効果と安全性について、非常に正確な情報」として評価されています。
※ここで紹介しているスパイス&ハーブの適応や作用は、個人差があります。専門医にご相談ください。

② 注目されるスパイス&ハーブの機能性

スパイスやハーブが持つ香り、色、辛み成分は、植物が生きていくうえでつくり出している機能性成分の一部です。日々の食生活を通じて、こうした機能を持つスパイスやハーブを摂取することは、料理をおいしく楽しいものにするだけではなく、自律神経系や内分泌系、免疫系に作用して、私たちの体の不調やバランスの状態を整え、健康の維持・増進にもつながるとの研究結果が数多く発表されています。
料理においては比較的少量が使用されるスパイスやハーブは、いわゆる食品の3つの機能（栄養機能、感覚機能、生体調節機能）の中でもとりわけ、感覚機能と生体調節機能に優れた食材として注目が集まっています。

各スパイス&ハーブの生体調節機能

個別のスパイス&ハーブの持つ生体調節機能の研究が進んできており、
下記のような効能が一般に知られている。

スパイス&ハーブ	作用など
唐辛子	肥満防止　食欲増進 涼しくなる効果(発汗作用)　足元などの冷え性防止
わさび	食欲増進　抗菌(殺菌)食中毒予防
ジンジャー	食欲増進　頭痛緩和　発汗(解熱) 風邪のひき始めに効果的　咳止め
ガーリック	抗菌(殺菌)　強壮　疲労回復　血栓予防 抗酸化性　健胃　整腸
ペッパー	食欲増進　健胃　発汗
ターメリック	抗酸化　利胆(胆汁の分泌を促す)による肝臓の強化 止血　創傷の回復
パセリ	腎臓疾患の緩和　二日酔い予防 貧血防止　口臭予防
タイム	殺菌　咳止め

3 健やかな食生活とスパイス&ハーブ

欧米では昔から病院食にスパイス&ハーブを積極的に利用していますが、日本でも、その働きに注目して取り入れる病院がふえています。たとえば高血圧の治療食は塩分を控えなくてはなりませんが、薄味では患者はどうしても物足りず、満足感を得ることができません。そこでこしょうや唐辛子が使われることがあります。
スパイス&ハーブを上手に使うと、塩や砂糖のような調味料では出せない風味が加わり、魚や肉の生臭さを消し、清涼感を与えてくれるので、塩分を抑えることができるわけです。食事の楽しみを奪われずに健康管理にも役立ちます。

スパイス&ハーブ利用で減塩効果

厚生労働省では、日本人の1日あたりの食塩摂取量の目標値を男性7.5g未満、女性6.5g未満と掲げています（2020年版の「日本人の食事摂取基準」による）。塩分のとりすぎは高血圧、脳卒中、心臓病を招くおそれがあることから、適量の塩分をとることを推奨しているのです。しかし、私たちの毎日の食事には、しょうゆ、みそなどがよく使われることもあり、他国より塩分摂取が高い傾向が見られるのです。
バランスのよい食生活の中で、上手に塩分摂取を減らしていくには、スパイス&ハーブを使いこなすことをおすすめします。いつもの料理から塩分を減らしても、スパイス&ハーブを加えることで、薄味の物足りなさを補ってくれるからです。食事の楽しみはそのままに、健康管理に役立つ。これをスパイス&ハーブの減塩効果というのです。

料理
Dish

スパイス＆ハーブを使った減塩メニュー例

減塩みそ汁

＋

七味唐辛子

辛みと香りで
物足りなさが補われる。

減塩煮もの

＋

カレー粉

カレーの慣れ親しんだ
香りと刺激が満足感を
与えてくれる。

減塩炒めもの

＋

こしょう

こしょうの辛みが
味を引き締めてくれる。

減塩コンソメ

＋

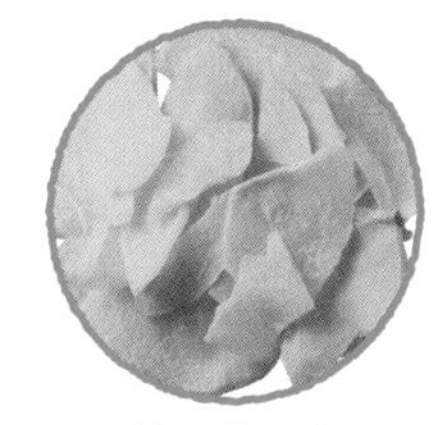

ガーリック
うまみ豊かに

タイム
風味アップ

ブラックペッパー
味が引き締まる

グリーンペッパー
爽やかに

カレー粉
奥深い味わいに

④ 食の健康情報とスパイス&ハーブ

スパイス&ハーブと健康というと
ついついその有効性ばかりにとらわれがちですが、
有効性を知る前に安全性という概念を
しっかり持っておくことが大切です。

近年大きく変化する私たちの食環境

安全性は、科学的立証（エビデンス）に基づいたデータがあって論じられることが基本です。私たちが日常当たり前にとっている食事で、すべてその安全性が確かめられているわけではありません。しかしだからといって毎日の食事面で命にかかわるような危険を感じているわけでもないのです。それは「食経験」という、人類が古くから継続的に食べ続け、安全性が確かめられた結果であるともいえます。

けれども近年、健康志向が高まる中で、私たちを取り巻く食環境は大きく変化しています。「特定保健用食品（トクホ）」「栄養機能食品」「機能性表示食品」など国に認められた健康食品が世の中に出てくる一方で、安全性の確認がなされず、有効性ばかりを訴える「いわゆる健康食品・健康素材」などのおびただしい量の情報に惑わされ、消費者が健康被害を受けるケースも発生しています。

食の影響を過大視する
フードファディズムに注意

そういった中で「フードファディズム（food faddism）」という言葉をしばしば耳にするようになってきました。日本ではまだなじみが薄い言葉ですが、アメリカでは1950年代にすでにこの問題が提起され始めました。フードファディズムとは、「食べ物や栄養」が「健康や病気」に与える影響を過大に信じたり、評価することをいいます。食と健康が密接に関連していることは紛れもない事実なのですが、これは長い間の食生活習慣が健康に反映されるということであって、特定の食べ物や栄養がすぐに体に作用するという話ではありません。

どんなに栄養的に優れた食品であっても、それを食べるだけで、それまでの不摂生が帳消しになるようなものは存在しません。またその食品や栄養を摂取するだけで、たちまち病気になるようなものも存在しないのです。健康な食生活の基本は、昔から言われているように「バランスのよい食事」であることを忘れないように心がけましょう。「食」と「健康」について、あらゆる情報を個々人で入手できる時代だからこそ、以上のような点をふまえたうえで、冷静に受け止め、判断することが大切です。

Column

知っておこう！ 安全性の実証データ

食品などの安全性を裏づけるものとして取り扱われるデータは、主に以下のようなものに分かれます。基本的な言葉として知っておくといいでしょう。

❶ in vitro（イン・ヴィトロ）…試験管の中で確認される安全性のデータ
❷ in vivo（イン・ヴィヴォ）…動物（通常マウス）実験で確認された安全性データ
1）単回投与…動物に1回摂取させて、急性の安全性の有無を調べること
2）反復投与…動物に長期間摂取させて、安全性の有無を調べること

食の健康情報は「国立健康・栄養研究所」のホームページが参考になります。
www.nibiohn.go.jp/eiken/

about Spice & herb test

スパイス&ハーブ検定について

「スパイス&ハーブ検定」とは、
自分自身でスパイスやハーブを楽しんだり、
周囲の人にその楽しみ方や魅力などを伝える際に
役立つ知識をはかる試験として
2009年にスタートした検定です
(主催:公益財団法人 山崎香辛料振興財団)。
奥深いスパイス&ハーブの世界に興味を持っているかた、
また、いつもの料理や暮らしに気軽に
スパイスやハーブをとり入れてみたいというかたは、
この機会にスパイス&ハーブの知識習得の目標や
学習の目安として挑戦してみてはいかがでしょう。

試験概要

スパイス＆ハーブ検定は、3級、2級、1級の3つの級から構成されています。
それぞれのレベル、出題形式、出題内容、本書の対応箇所は次のとおりです。

□ 各級が目指すレベル

級	レベル
3級	スパイス＆ハーブに関する基礎的な知識を持ち、料理や日々の生活の中にとり入れられる
2級	スパイス＆ハーブに関する幅広い知識を持ち、料理や日々の生活の中で使いこなせる
1級	スパイス＆ハーブに関する幅広い知識を持ち、周囲の人にもわかりやすくアドバイスできる

□ 各級の出題内容

級	出題内容
3級	●出題内容：［歴史］世界における歴史、日本における歴史 ［基礎知識］定義、分類、保存法 ［料理］料理における働き、使うタイミングと使用量、各国での料理・飲み物への利用 ［暮らし］ヘルス＆ビューティーへの利用、ハウスキーピングへの利用、クラフト ［単品知識（25種）］別名、科名、原産地、用途、エピソード、豆知識、使い方のコツなど ※25種類…本書では第2章「図鑑」（p.52〜97）のうち初級者向きとあるスパイス＆ハーブが該当
2級	●出題内容：［3級全範囲］上記参照 ［ハーブティー］ハーブティーのいれ方、ハーブティーによく使われるハーブ、代替コーヒー ［栽培］ハーブの定植、育て方、収穫、増殖 ［健康］伝統医学での使われ方、一般的に知られている機能性、減塩効果など ［単品知識（20種）］別名、科名、原産地、用途、エピソード、豆知識、使い方のコツなど ※20種類…本書では第2章「図鑑」（p.52〜97）のうち中・上級者向きとあるスパイス＆ハーブが該当
1級	●出題内容：［2級全範囲］上記参照 ［具体的な楽しみ方］手作り調味料（ペースト、ドレッシング、オイル、ビネガーなど） ［単品知識（35種）］別名、科名、原産地、用途、エピソード、豆知識、使い方のコツなど ※35種類…本書では第2章「図鑑」の「その他のプロ級スパイス＆ハーブ」（p.98〜108）が該当

2021年度（第12回）検定より、CBT方式での試験となるため出題形式が変わります。
詳細については、下記ホームページでご確認ください。

➡ 公益財団法人 山崎香辛料振興財団
URL: http://yamazakispice-promotionfdn.jp/kentei.shtml（検定ご案内ページ）

スパイス＆ハーブ検定 対象スパイス＆ハーブ

	スパイス＆ハーブ名	掲載ページ	3級 25種	2級 45種	1級 80種
あ	麻の実	98			●
	アサフェティダ／ヒング	98			●
	アジョワン	98			●
	アニス	52		●	●
	五香粉	93		●	●
	エルブドプロバンス	93		●	●
	オールスパイス	53		●	●
	オレガノ	54	●	●	●
か	ガーリック	55	●	●	●
	カトルエピス	107			●
	カフェライム／マックルー	99			●
	ガラムマサラ	94	●	●	●
	ガランガル／カー	99			●
	カルダモン	56		●	●
	カレー粉	95	●	●	●
	カレーリーフ／カリーバッタ	99			●
	かんぞう／リコリス	100			●
	キャラウェイ	57		●	●
	くちなし	58		●	●
	クベバ	100			●
	クミン	59	●	●	●
	グレインズオブパラダイス	100			●
	クレソン	101			●
	クローブ	60	●	●	●
	ケイパー	101			●
	けしの実／ポピーシード	101			●
	こしょう	61	●	●	●
	コリアンダー	63	●	●	●
さ	ザーター	107			●
	サッサフラス	102			●
	サフラワー	102			●
	サフラン	64	●	●	●
	サボリー	102			●
	山椒／花椒	65	●	●	●
	しそ（紫蘇）	103			●
	七味唐辛子	96	●	●	●
	シナモン／カシア	67	●	●	●
	しょうが	68	●	●	●
	スターアニス	69		●	●
	スマック	103			●
	セージ	70	●	●	●
	セロリー（シード）	103			●
	ソレル	104			●

	スパイス＆ハーブ名	掲載ページ	3級 25種	2級 45種	1級 80種
た	ターメリック	70	●	●	●
	タイム	71	●	●	●
	ダッカ（デュカ）	108			●
	たで（蓼）	104			●
	タマリンド	104			●
	タラゴン	72		●	●
	チャートマサラ（チャットマサラ）	108			●
	チャービル	74		●	●
	チャイブ	73		●	●
	チリパウダー	97		●	●
	ディル	75		●	●
	唐辛子	76	●	●	●
	どくだみ	105			●
な	ナツメッグ／メース	78	●	●	●
	ニオイアダン／パンダンリーフ	105			●
	ニゲラ／ブラッククミン	105			●
は	バジル	79	●	●	●
	パセリ	80	●	●	●
	バニラ	81		●	●
	パプリカ	82		●	●
	パンチフォロン	108			●
	フェネグリーク／メティ（メッチ）	106			●
	フェンネル	83		●	●
	ホースラディッシュ	84		●	●
ま	マーシュ	106			●
	マジョラム	85		●	●
	マスタード	85	●	●	●
	マンゴーパウダー／アムチュール	106			●
	みつば	107			●
	ミント	87	●	●	●
ら	ラセラヌー	108			●
	ルッコラ	88		●	●
	レモングラス	89		●	●
	ローズマリー	90	●	●	●
	ローレル	91	●	●	●
	ロングペッパー	107			●
わ	わさび	92	●	●	●

3級用

Q01 エジプトでピラミッド建設の際に、労働者に体力をつけるため
大量に利用されたスパイスとはどれでしょう?
❶ガーリック ❷しょうが ❸シナモン

Q02 1498年にインド西海岸のカリカットまでの航海に成功し、
こしょうやシナモンを安価で手に入れる道を開いた
ポルトガル人は誰でしょう?
❶コロンブス ❷マゼラン ❸バスコ・ダ・ガマ

Q03 ホールのスパイスの香りを引き出す方法として
間違っているものはどれでしょう?
❶ミルなどで挽く ❷冷凍庫で凍らせる ❸加熱する

Q04 「にくずく」とは、次のどのスパイスの別名でしょう?
❶ナツメッグ ❷ターメリック ❸クローブ

Q05 次のうち、1つだけ異なる科に属している
スパイス&ハーブはどれでしょう?
❶セージ ❷タイム ❸コリアンダー

Q06 スパイス(A)の語源は、サンスクリット語の「シンガベラ」です。
これには「角の形をしたもの」という意味があり、
根茎が鹿の枝角によく似ていることに由来しています。
この(A)は次のどのスパイスでしょう?
❶こしょう ❷しょうが ❸ガーリック

Q07 フレッシュハーブの保存法で正しいものはどれでしょう?
❶密閉袋(容器)に入れて冷蔵庫の野菜室で
❷保管場所では立てずに、必ず横にしておく
❸低温に強いバジルは冷蔵庫での保存も可能

Q08 スパイス&ハーブの料理における3つの働きとして
一般的に当てはまらないものはどれでしょう?
❶香りをつける ❷酸味をつける ❸色をつける

Q09 料理に使うフレッシュのハーブ大さじ1を
ドライのハーブに置き換える場合、分量はどう変わるでしょう?
❶3倍 ❷1/3量 ❸同量

Q10 ベトナムの料理「バインセオ」の決め手となるスパイスはどれでしょう?
❶クミン ❷ローズマリー ❸ターメリック

Q11 サフランを使った「ブイヤベース」と呼ばれる料理は
どこの国の料理でしょう?
❶スペイン ❷イタリア ❸フランス

Q12 「ガンパウダー」とも呼ばれる中国緑茶の一種と
ミント、たっぷりの角砂糖をポットに入れ、熱湯を注いでいれるお茶は?
❶モロッコティー ❷エッグノッグ ❸モヒート

Q13 自家製うがい液におすすめのスパイス(またはハーブ)はどれでしょう?
❶クミン ❷タイム ❸バジル

Q14 「ハンガリアンウォーター」に利用されることで有名な
若返りのハーブと呼ばれるものは次のうちどれでしょう?
❶ローズマリー ❷ゼラニウム ❸ステビア

Q15 こしょうの原産地で正しいものはどれでしょう?
❶インド ❷エジプト ❸インドネシア

Q16 唐辛子の仲間で辛みが少なく、甘み、酸味があるのが
特徴のものはどれでしょう?
❶プリッキーヌ ❷ハバネロ ❸韓国産唐辛子

Q17 「米びつに入れておくと虫がつかない」といわれている
スパイス(ハーブ)の仲間に、当てはまらないものはどれでしょう?
❶唐辛子 ❷パセリ ❸ローレル

Q18 シナモンは、植物のどの部分を使うものでしょう?
❶樹皮 ❷種子 ❸鱗茎

Q19 次のうち、ミックススパイスはどれでしょう?
❶オールスパイス ❷エルブドプロバンス ❸チリーペッパー

Q20 次のうち、色づけの目的で使われるスパイスはどれでしょう?
❶クローブ ❷シナモン ❸くちなし

解答 01:❶、02:❸、03:❷、04:❶、05:❸、06:❷、07:❶、08:❷、09:❷、10:❸、
11:❸、12:❶、13:❷、14:❶、15:❶、16:❸、17:❷、18:❶、19:❷、20:❸

2 級用

Q01 紀元前400年頃に、400種類ものハーブの処方を残し
「医学の祖」と呼ばれるのは誰でしょう?
❶セラーノ　❷ディオスコリデス　❸ヒポクラテス

Q02 マルコ・ポーロが東洋を旅して目にした絹織物やスパイス、
黄金の宮殿のことなどをまとめたものは?
❶東方見聞録　❷薬物誌　❸延喜式

Q03 日本で初めてカレーの作り方が料理書で紹介されたのはいつ頃でしょう?
❶江戸中期　❷明治初期　❸昭和初期

Q04 キャラウェイ、クミン、コリアンダーなどが属する科名はどれでしょう?
❶セリ科　❷シソ科　❸アヤメ科

Q05 料理の下ごしらえで、素材にまんべんなく
スパイス&ハーブの香りをまぶすのに正しい方法はどれでしょう?
❶粒度の小さいパウダータイプを利用する
❷加熱しながら徐々に香りを引き出す
❸ローズマリーやタイムなど香りの強いものを利用する

Q06 フレッシュハーブを利用するときの注意で
間違っているものはどれでしょう?
❶調理前には水洗いが必要である
❷ハーブの変色を防ぐために金気のある包丁を利用する
❸水けを含んだままだと傷みやすいのでしっかり水けをきる

Q07 料理の仕上げに利用されることが多いフレッシュハーブはどれでしょう?
❶ローズマリー　❷セージ　❸チャービル

Q08 「トンポーロウ」という豚のかたまり肉をじっくり煮込んだ料理は
どこの国の料理でしょう?
❶タイ　❷中国　❸レバノン

Q09 イタリア語で「口に飛び込む」の意味を持つ
「サルティンボッカ」という料理に使われるハーブはどれでしょう?
❶イタリアンパセリ　❷セージ　❸ディル

Q10 牛肉と野菜をじっくり煮込んだ「ハンガリアングラーシュ」という
スープ料理に決め手として使われるスパイスは?
❶パプリカ　❷チリパウダー　❸サフラン

Q11 アメリカで人気のドリンク「エッグノッグ」は、牛乳と卵で作られる
濃厚な冬の定番ドリンクですが、使われるスパイスはどれでしょう?
❶カルダモン　❷ミント　❸ナツメッグ

Q12 あさつきに似た使い方をする、繊細でマイルドな香りの
「シブレット」の英名は何でしょう?
❶エストラゴン　❷チャービル　❸チャイブ

Q13 好みのスパイス&ハーブを巾着などに詰めて、クローゼット、キッチン、
靴箱などに置く香り袋をフランス語で何というでしょう?
❶ポマンダー　❷サシェ　❸リース

Q14 昔からの暮らしの知恵で、害虫を遠ざける働きがあるとされ、
食器棚にも入れることがあるスパイスはどれでしょう?
❶クローブ　❷アニス　❸ミント

Q15 ハーブティーで使われる、爽やかな酸味と美しい赤い色が特徴のハーブは
どれでしょう?
❶ハイビスカス　❷ローズヒップ　❸ネトル

Q16 美しい青色のハーブティーで、レモン汁を加えると
ピンクに変化することから、「夜明けのハーブティー」とも呼ばれる
ハーブはどれでしょう?
❶エルダーフラワー　❷ラベンダー　❸マロー

Q17 次のうち、複数のスパイス&ハーブをブレンドした
ミックススパイスではないものはどれでしょう?
❶チリパウダー　❷オールスパイス　❸カレー粉

Q18 「ルッコラセルバチカ」の説明で、当てはまらないものはどれでしょう?
❶ルッコラの原種といわれる品種である
❷ごまに似た香りはない
❸通常のルッコラよりも葉の切れ込みが大きい

Q19 あらかじめ複数のスパイスが調合された「カレー粉」を
生み出したのはどこの国でしょう?
❶インド　❷イギリス　❸イタリア

Q 20 わさびと同じ、「アリル芥子油」という成分を持つ
スパイス&ハーブはどれでしょう?
❶ホースラディッシュ ❷山椒 ❸唐辛子

Q 21 栽培しているハーブの枝や茎の一部を取り除き、日照、
風通しをよくしたり形を整えることを何というでしょう?
❶収穫 ❷摘芯 ❸剪定

Q 22 次のハーブのうち、栽培時に比較的湿潤を好むものはどれでしょう?
❶ローズマリー ❷タイム ❸バジル

Q 23 アーユルヴェーダで利用される
クミンのインド名は次のうちどれでしょう?
❶ジーラ ❷ダニヤー ❸ハルディ

Q 24 メディカルハーブとして利用されるエキナセアの作用のうち、
当てはまらないものはどれでしょう?
❶抗ウイルス ❷抗うつ ❸抗菌

Q 25 一般的に知られるわさびの効能で当てはまるものはどれでしょう?
❶食中毒予防 ❷発汗作用 ❸止血

解答
01:❸、02:❶、03:❷、04:❶、05:❶、06:❷、07:❸、08:❷、09:❷、10:❶、
11:❸、12:❸、13:❷、14:❶、15:❶、16:❸、17:❷、18:❷、19:❷、20:❶、
21:❸、22:❸、23:❶、24:❷、25:❶

1 級用

Q01 スタータースパイスとしても利用されることがあるスパイスの1つであるフェネグリークの別名はどれでしょう?
❶ニゲラ　❷ザーター　❸メティ

Q02 ナツメッグ、クローブ、シナモン、ブラックペッパー、ジンジャーなどのうちから４つのスパイスがミックスされ、古典的なフランス料理によく使われるものは次のうちどれでしょう。
❶カトルエピス　❷パンチフォロン　❸ラセラヌー

Q03 炊きたてのごはんのような甘くて強い香りが特徴の、東南アジアで米料理や魚料理、デザートに使われるハーブはどれでしょう。
❶アムチュール　❷ニオイアダン　❸マジョラム

Q04 わさびと同じ科に属するスパイス(またはハーブ)を1つあげなさい。

Q05 ミックススパイスの「エルブドプロバンス」についての説明を100字以内で答えなさい(利用される地域、使われる原料について盛り込むこと)。

Q06 複数のスパイスやハーブをミックスすることの利点を100字以内で答えなさい。

解答
01:❸、**02**:❶、**03**:❷
04:解答例
ルッコラ（ロケット）、からし（マスタード）、クレソンなどアブラナ科の植物
05:解答例
南フランス地方でとれるローズマリー、タイム、オレガノなどのハーブ数種類をミックスしたもの。手軽に料理に奥行きのある香りづけをすることができるので、肉や魚の香草焼き、魚介のスープなどに利用される。
06:解答例
ミックスすることで、幅、厚み、深みが生み出されたり（＝シナジー効果)、ミックスしたスパイスがお互いのとがった香りを消し合うことで、丸みのあるふくよかな香りとなる（＝マスキング効果)。

主なスパイス&ハーブの索引

主なスパイス&ハーブの索引

［参考文献］
『香辛料I〜V』山崎峯次郎
（1973年・エスビー食品）
『スパイス入門（改定4版）』山崎春栄
（2017年・日本食糧新聞社）
『加工わさび－知識とQ&A』
（2019年・日本加工わさび協会）
『からし製品－知識とQ&A』
（2018年・日本からし協同組合）
『ハーブの育て方12ヵ月』
（1998年・パッチワーク通信社）

［協力］
公益財団法人 山崎香辛料振興財団
http://yamazakispice-promotionfdn.jp/
エスビー食品株式会社
榊田千佳子
タケダトオル
東京映像社

Staff
装丁・レイアウト／細山田光宣＋藤井保奈
（細山田デザイン事務所）
撮影［カバー、料理、小物］／佐山裕子（主婦の友社）
料理指導・スタイリング／中山暢子
イラスト／ヤマグチカヨ
校正／荒川照実
編集協力／吉居瑞子
編集担当／森信千夏（主婦の友社）

スパイス&ハーブの使いこなし事典 最新版

スパイス&ハーブ検定 1級・2級・3級公式テキスト

2020年5月31日　第1刷発行
2024年2月10日　第8刷発行

編　者　主婦の友社
発行者　平野健一
発行所　株式会社主婦の友社
〒141-0021
東京都品川区上大崎3-1-1
目黒セントラルスクエア
電話 03-5280-7537（内容・不良品等のお問い合わせ）
049-259-1236（販売）
印刷所　大日本印刷株式会社

ISBN978-4-07-442442-9

■本のご注文は、お近くの書店または
主婦の友社コールセンター（電話0120-916-892）まで。
＊お問い合わせ受付時間　月〜金（祝日を除く）10:00〜16:00
＊個人のお客さまからのよくある質問のご案内
https://shufunotomo.co.jp/faq/

※本書は、2017年主婦の友社発行の『新装版 スパイス&ハーブの使いこなし事典』の最新版です。